电脑不过如此

丛书总策划：姜校春（中关村在线执行总编）
　　　　　　杨　品

PowerPoint 2007 入门与应用技巧

未名书屋　编著

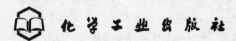

化学工业出版社

·北京·

本书通过丰富的实例，以图文并茂的形式循序渐进地讲述了 PowerPoint 2007 的使用方法与操作技巧。全书共分 10 章，主要内容包括创建演示文稿、PowerPoint 的基本操作、文本幻灯片的制作、图片幻灯片的制作、在幻灯片上绘制图形、表格与图表幻灯片的制作、多媒体幻灯片的制作、统一设置演示文稿的外观、添加幻灯片动画、放映和输出幻灯片。

本书注重实际基础知识和操作技能的紧密结合，语言通俗易懂，操作步骤清楚明晰，力求使读者在最短的时间内制作出具有专业风范和视觉冲击力的演示文稿。

本书面向电脑初级用户，适合想快速学会 PowerPoint 软件的初学者、办公室文员、营销人员，以及希望提高工作效率的读者，也可作为各类职业学校和电脑培训班的教材。

图书在版编目（CIP）数据

PowerPoint 2007 入门与应用技巧 / 未名书屋编著. —北京：化学工业出版社，2010. 1

（电脑不过如此）

ISBN 978-7-122-07159-0

Ⅰ. P··· Ⅱ. 未··· Ⅲ. 图形软件-PowerPoint 2007-基本知识

Ⅳ. TP391. 41

中国版本图书馆 CIP 数据核字（2009）第 213221 号

策　　划：王思慧　张　立　　　　　　　　责任校对：郑　捷
责任编辑：王思慧　张　敏　　　　　　　　装帧设计：尹琳琳

出版发行：化学工业出版社(北京市东城区青年湖南街 13 号　邮政编码 100011)
印　　装：化学工业出版社印刷厂
787mm×1092mm　1/16　印张 15 $\frac{1}{4}$　字数 380 千字　2010 年 1 月北京第 1 版第 1 次印刷

购书咨询：010-64518888(传真：010-64519686)　　售后服务：010-64518899
网　　址：http://www.cip.com.cn
凡购买本书，如有缺损质量问题，本社销售中心负责调换。

定　　价：28.00 元

丛 书 序

对于普通大众来说，要想能熟练地操作电脑并灵活应用，并不是一件容易的事情。如何能在最短的时间内达到精通的目的呢？我认为好的方法是找一些非常好的教材，有空的时候在电脑旁边看书边操作，在实践中轻松掌握电脑。

那如何去选购一本适合自己的图书呢？

首先要看其内容是否能满足自己的需求，是否能解决日常工作、学习和生活中的各种应用问题。这就要仔细考量一本书的内容取舍是否得当了，而不能以书的厚薄来取舍，一定要仔细阅读内容简介、目录和部分章节，避免浪费时间和金钱。

其次是要看该书是否容易让读者学习。因为在电脑的学习中实际上机操作非常重要，所以该类书一定要图文并茂，最好是看图就能学会操作，而且还要简洁明了，这样才能让读者一目了然。

最后还要看该书是否能提纲挈领，举一反三。因为电脑及软件越来越智能化和人性化，且其中的大多数操作都具有相似性和相关性，如Windows Vista中的资源管理器的使用、Office 2007中各软件的文本设置等，只有抓住电脑操作的精髓，学会了其中典型的操作方法，类似的问题也就能融会贯通。

最近非常荣幸地应化学工业出版社的邀请，仔细审读了由中关村在线执行总编姜校春和网络营销专家、数码摄影专栏作家杨品任总策划的《电脑不过如此》丛书，我个人认为，该丛书不能说是目前市场上包装最精美（或者价格最低廉）的图书，但它却是一套非常易学、非常好用、内容最全面的图书，是一套能帮助广大电脑爱好者快速打开电脑之门的金钥匙。

之所以向大家推荐这套书，是因为本套丛书具有以下特点：
✧ 轻松易学 图文并茂的方式直接指明操作步骤要点，让读者轻松看图就能掌握常用的操作方法和技巧。
✧ 学以致用 书中大多数内容讲解均采用广大电脑用户经常应用的案例，读者只要参照书中的步骤进行操作，即可快速解决电脑应用中的各种常见问题。
✧ 活学活用 书中的案例讲解都非常具有典型性，能起到举一反三的效果，这样就能让读者融会贯通，不仅能学会书中的操作，更能灵活应用。
✧ 系统全面 本套丛书包含了《电脑快速入门》、《电脑轻松上网》、《五笔字型打字速成》、《电脑办公应用》、《电脑故障排除速查手册》、《常用工具软件一点通》、《系统快速安装与重装》、《Windows Vista入门与应用技巧》、《Excel 2007

入门与应用技巧》、《Word 2007入门与应用技巧》、《Access 2007入门与应用技巧》、《PowerPoint 2007入门与应用技巧》等几十种实用书籍，相信这套丛书一定能够成为读者的良师益友。

一套好的教材会让我们学习更加快捷，但要学好电脑，还要经常上机操作，巩固所学知识，并在实践中摸索电脑的操作要领。

学问学问，学而问之，读者如果在学习或电脑操作中遇到各种问题，可以发电子邮件至yangpin_0_2000@sina.com.cn和本书的作者进行交流探讨。

最后，衷心希望这套凝聚着作者和出版社心血的《电脑不过如此》丛书能带领每一位读者轻松成为电脑应用高手。

腾讯网科技频道主编　李立宏

2009 年 11 月

前　言

PowerPoint是Microsoft（微软）公司推出的Office办公软件包中的一个重要组件，是当前最流行的演示文稿制作软件，广泛应用于各种讲座和宣传活动中。

使用 PowerPoint，既可以制作演讲稿、宣传稿、投影胶片和幻灯片，也可以直接在计算机屏幕或投影仪上放映用户所制作的多媒体电子演示文稿。

本书详细介绍了 PowerPoint 2007 的使用方法、操作技巧，并通过大量的实例演示了它们的具体应用。全书共分 10 章，主要内容如下：

· 第 1 章　创建演示文稿，包括了解演示文稿和幻灯片、启动 PowerPoint、PowerPoint 的界面、在幻灯片中插入内容、创建幻灯片、保存演示文稿、了解 PowerPoint 的视图、退出 PowerPoint。

· 第 2 章　PowerPoint 的基本操作，包括新建幻灯片文件、保存幻灯片文件、关闭幻灯片文件、打开幻灯片文件、幻灯片的基本操作、在打开的幻灯片文件之间切换。

· 第 3 章　文本幻灯片的制作，包括输入文本、编辑文本、设置文本格式、设置段落格式、使用项目符号和编号、设置文本框的格式。

· 第 4 章　图片幻灯片的制作，包括插入剪贴画、插入来自文件的图片、编辑图片、制作相册集、使用艺术字。

· 第 5 章　在幻灯片上绘制图形，包括绘制基本图形、编辑图形对象、修饰图形对象、创建 SmartArt 图形、编辑和美化 SmartArt 图形、创建组织结构图。

· 第 6 章　表格与图表幻灯片的制作，包括插入表格、编辑表格、美化表格、创建图表、编辑图表、美化图表。

· 第 7 章　多媒体幻灯片的制作，包括插入声音、插入视频、使用超链接、添加动作按钮。

· 第 8 章　统一设置演示文稿的外观，包括演示文稿主题的设置、幻灯片背景的设置、页眉和页脚的设置、母版的使用和修改。

· 第 9 章　添加幻灯片动画，包括使用动画方案、自定义动画效果、特殊动画效果技巧、设置动作路径、设置幻灯片的切换效果。

· 第 10 章　放映和输出幻灯片，包括设置放映方式、自定义放映、设置放映时间、控制幻灯片放映、打包演示文稿、打印演示文稿。

本书图文并茂，层次结构清晰，语言通俗易懂，操作步骤简洁明了，只要您跟随本书一步步地学习，就能轻松学会并熟练掌握 PowerPoint 2007。无论是初学者，还是使用 PowerPoint 的老用户，本书都是您学习 PowerPoint 2007 最忠实的朋友。

除了署名作者以外，杨品、刘君、刘征、肖建芳、田煜、王为、胡凯、陈强华、邱怀东等同志也参与了本书的编写工作。

由于编者水平有限，书中难免存在疏漏和不足之处，恳请广大读者批评指正。

编　者

目　录

第 1 章 创建演示文稿

PowerPoint 中文版是 Microsoft（微软）公司出品的 Office 系列办公软件中的一个组件，它具有操作简单、易学易懂等特点，是目前应用最广泛的幻灯片制作和放映软件。

1.1 了解演示文稿和幻灯片

我们知道，要创建 Word 文档，可以使用 Word 软件；要创建电子表格文件，可以使用 Excel 软件；而利用 PowerPoint 软件，则可以创建演示文稿。演示文稿是由一系列幻灯片组成的（如下图所示），所以幻灯片是演示文稿的核心部分，用来描述演示文稿的主要内容。

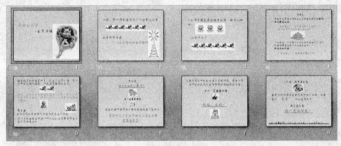

幻灯片中除了可以放置标题文字和说明性的文字以外，还可以插入图片、艺术字、表格以及图形等对象，从而实现更加丰富的表达效果。

1.2 启动 PowerPoint

只要在计算机中安装了 PowerPoint 软件，那么启动它就是一件非常简单的事。

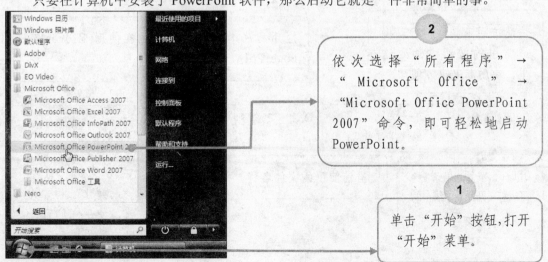

2
依次选择"所有程序"→"Microsoft Office"→"Microsoft Office PowerPoint 2007"命令，即可轻松地启动 PowerPoint。

1
单击"开始"按钮，打开"开始"菜单。

1.3 PowerPoint 的工作界面

启动 PowerPoint 后，如果只是启动该应用程序而未打开任何 PowerPoint 文件，系统将自动建立一个名为"演示文稿1"的空白幻灯片文件。PowerPoint 的工作界面包括标题栏、功能区、"模式切换"选项卡、工作区、占位符、滚动条、备注窗格、状态栏和视图栏等部分，如下图所示。

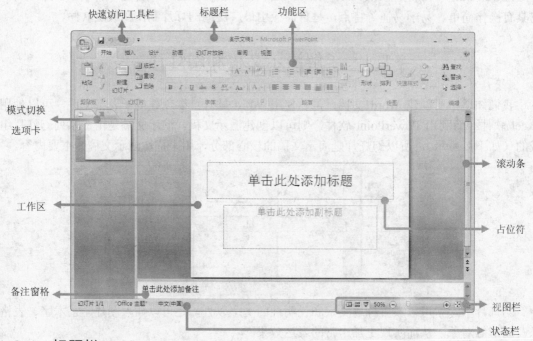

1.3.1 标题栏

标题栏位于整个 PowerPoint 窗口界面的最上方，显示有窗口的名称"演示文稿1 –Microsoft PowerPoint"。在启动 PowerPoint 后，"演示文稿1"是系统给出的默认文件名称。

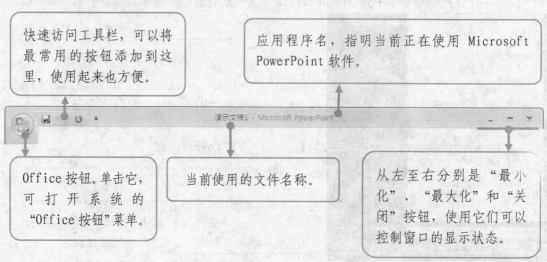

快速访问工具栏，可以将最常用的按钮添加到这里，使用起来也方便。

应用程序名，指明当前正在使用 Microsoft PowerPoint 软件。

Office 按钮。单击它，可打开系统的"Office 按钮"菜单。

当前使用的文件名称。

从左至右分别是"最小化"、"最大化"和"关闭"按钮，使用它们可以控制窗口的显示状态。

窗口被最大化后，"最大化"按钮变为"还原"按钮。
再单击"还原"按钮，即可将窗口大小还原。

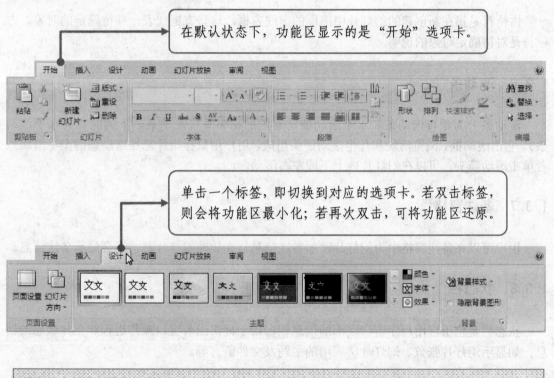

1.3.2　功能区

　　为了提高用户的工作效率，PowerPoint 将所有常用的命令进行了分类，并将功能相近的按钮集中在一起形成选项卡，所有选项卡组合到一起便是功能区。如果要执行某个命令，只需单击相应的按钮即可。

在默认状态下，功能区显示的是"开始"选项卡。

单击一个标签，即切换到对应的选项卡。若双击标签，则会将功能区最小化；若再次双击，可将功能区还原。

提示
只要将鼠标指针在某个按钮上停留片刻，便可以知道该按钮的功能。

1.3.3　"模式切换"选项卡

　　"模式切换"选项卡包含两个选项卡——"幻灯片"和"大纲"。在"幻灯片"选项卡中，会显示每张幻灯片的缩略图。当演示文稿内包含多张幻灯片时，使用缩略图可以快速定位幻灯片。

在大纲视图中，PowerPoint 将演示文稿以大纲（由每张幻灯片中的标题和主要文本组成）形式显示。每张幻灯片的图标、标题以及幻灯片编号一起显示在包含"大纲"选项卡的窗格内。如果要进行全篇编辑、更改项目符号或幻灯片的顺序，使用大纲视图则尤为方便。

1.3.4　工作区

工作区即文件的有效编辑区域，它就像一张空白的纸。用户可以在工作区内插入文本框、图片、表格、声音等对象。只有放置在工作区内的对象，在放映幻灯片时才会显示出来。

1.3.5　占位符

占位符是指在新创建的幻灯片中出现的虚线方框，这些方框代表一些待确定的对象，占位符是对待确定对象的说明。

1.3.6　滚动条

滚动条分为垂直滚动条和水平滚动条（右侧的称为垂直滚动条，下侧的称为水平滚动条），它由滚动框、浏览滑块和几个滚动箭头组成。用户用鼠标指针拖拉滚动条的浏览滑块或者单击滚动箭头，可以在幻灯片内上下或左右滚动。

1.3.7　备注窗格

用户可以在备注窗格中为幻灯片添加备注信息。在放映幻灯片时，不会显示备注信息。

1.3.8　状态栏

状态栏是位于应用程序窗口底部的信息栏，用于提供当前窗口操作进程和工作状态的信息。如显示幻灯片张数、幻灯片所应用的主题及文件语言等。

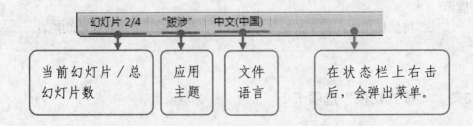

1.3.9 视图栏

视图栏位于 PowerPoint 界面的右下角，用于快速改变显示视图和显示比例。

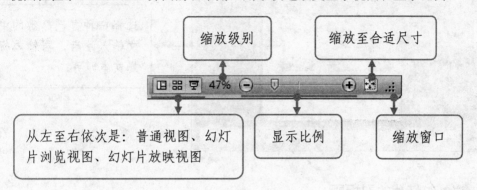

1.4 在幻灯片中插入内容

启动PowerPoint后，会出现一个工作窗口。此时，系统会自动插入一张名称为"演示文稿1"的空白幻灯片。在该幻灯片中，共有两个虚线方框，即两个占位符，占位符中显示"单击此处添加标题"和"单击此处添加副标题"的字样。

如果要向占位符中输入文字，只需单击占位符中的任何位置。此时，虚线边框将被粗的虚线边框所取代，该占位符内的示例文字也将消失，并且占位符内会出现一个闪烁的插入点，表明可以输入文字了。

1.4.1 输入幻灯片的标题

其操作步骤如下：

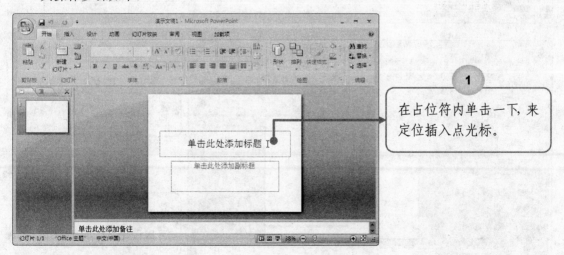

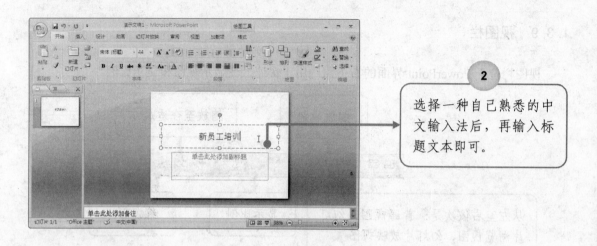

选择一种自己熟悉的中文输入法后，再输入标题文本即可。

1.4.2 输入幻灯片的副标题

其操作步骤如下：

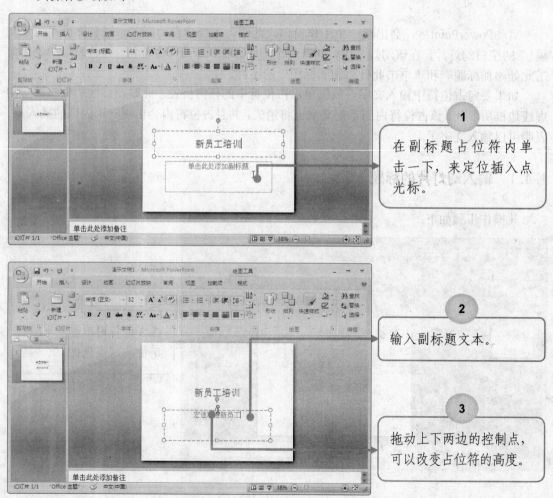

在副标题占位符内单击一下，来定位插入点光标。

输入副标题文本。

拖动上下两边的控制点，可以改变占位符的高度。

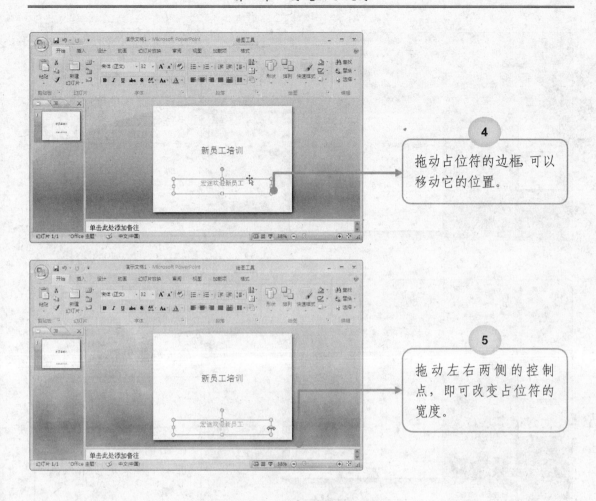

4

拖动占位符的边框，可以移动它的位置。

5

拖动左右两侧的控制点，即可改变占位符的宽度。

1.5　创建幻灯片

下面讲解如何插入一张新幻灯片，然后向幻灯片中添加图片。其操作步骤如下：

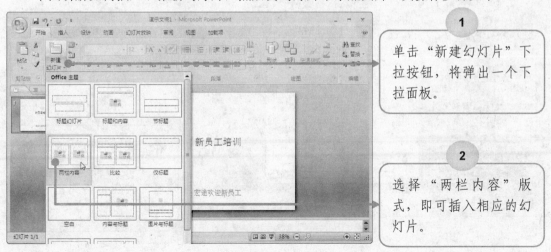

1

单击"新建幻灯片"下拉按钮，将弹出一个下拉面板。

2

选择"两栏内容"版式，即可插入相应的幻灯片。

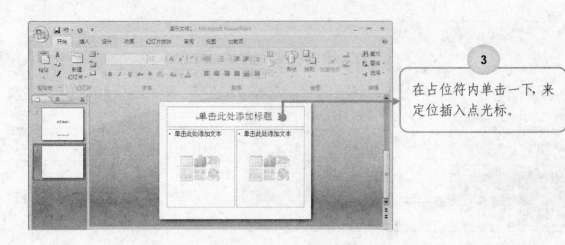

3

在占位符内单击一下，来定位插入点光标。

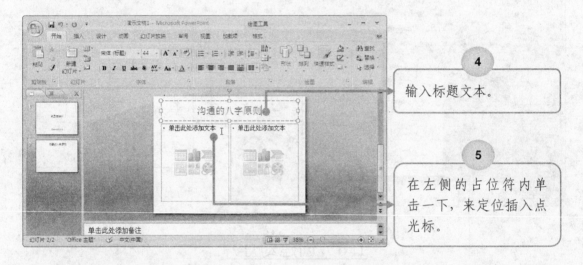

4

输入标题文本。

5

在左侧的占位符内单击一下，来定位插入点光标。

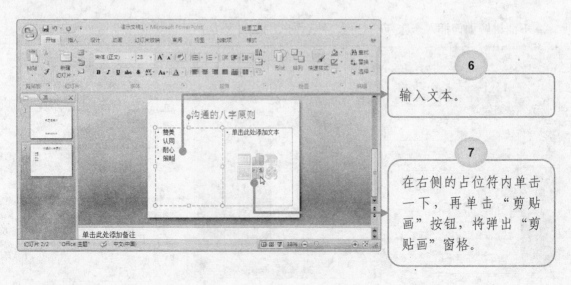

6

输入文本。

7

在右侧的占位符内单击一下，再单击"剪贴画"按钮，将弹出"剪贴画"窗格。

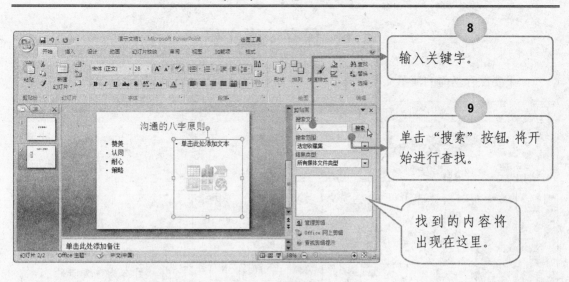

8 输入关键字。

9 单击"搜索"按钮,将开始进行查找。

找到的内容将出现在这里。

10 单击被选中的剪贴画旁边的下拉按钮,再选择"插入"命令,即可将所选的剪贴画插入到幻灯片中。

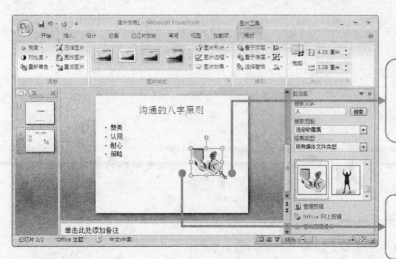

11 拖动剪贴画角上的控制点,可以同时改变剪贴画的宽度和高度。

12 如果拖动剪贴画的边框,则可以移动它的位置。

1.6　保存演示文稿

如果要保存当前的演示文稿，其操作步骤如下：

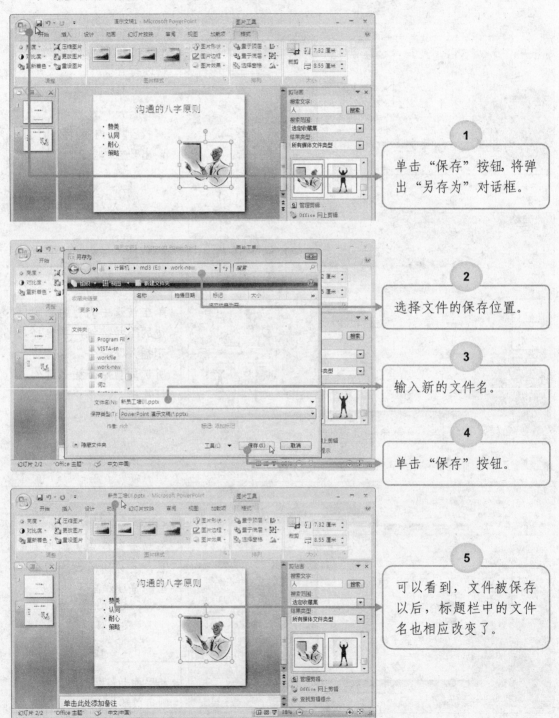

1 单击"保存"按钮，将弹出"另存为"对话框。

2 选择文件的保存位置。

3 输入新的文件名。

4 单击"保存"按钮。

5 可以看到，文件被保存以后，标题栏中的文件名也相应改变了。

1.7 了解 PowerPoint 的视图

如果我们只想创建由一张幻灯片组成的演示文稿，那么使用 PowerPoint 提供的普通视图就可以了。不过，当我们想创建由多张幻灯片组成的演示文稿时，就需要了解 PowerPoint 提供的几种视图方式。

针对演示文稿制作的不同阶段，PowerPoint 为用户提供了不同的工作环境，这种工作环境被称为"视图"。在不同的视图中，可以使用相应的方式来查看和操作演示文稿。PowerPoint 提供了普通视图、幻灯片浏览视图、备注页视图和幻灯片放映视图。其中，普通视图同时又包含了大纲视图和幻灯片视图。

1.7.1 普通视图

当幻灯片处于普通视图时，可以在其中输入、编辑和格式化文字，管理幻灯片以及输入备注信息。其操作步骤如下：

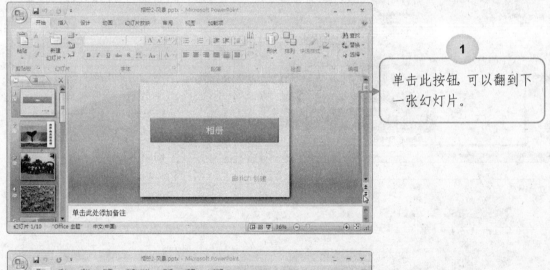

1 单击此按钮，可以翻到下一张幻灯片。

2 拖动这个分割条，可以改变左侧窗格的大小。

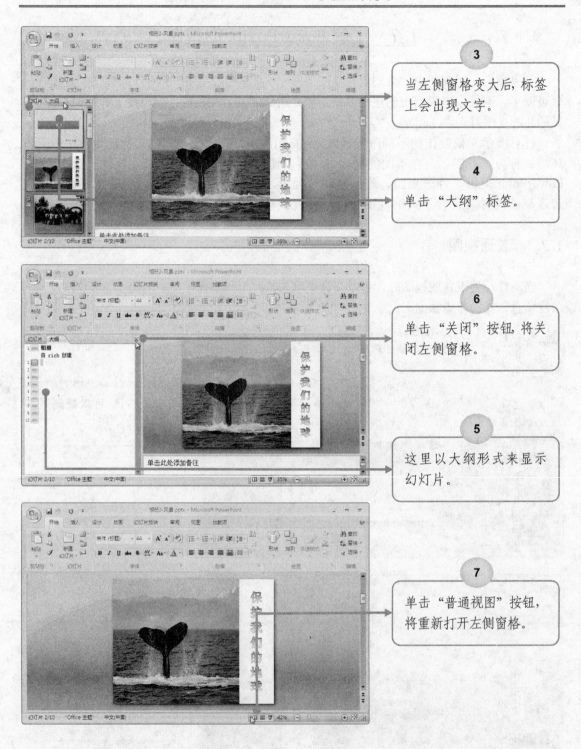

当左侧窗格变大后,标签上会出现文字。

单击"大纲"标签。

单击"关闭"按钮,将关闭左侧窗格。

这里以大纲形式来显示幻灯片。

单击"普通视图"按钮,将重新打开左侧窗格。

1.7.2 幻灯片浏览视图

其操作步骤如下:

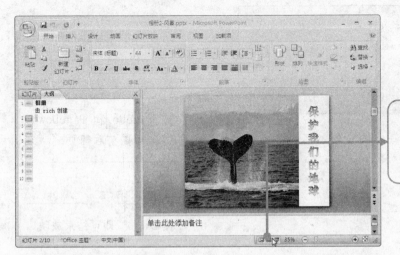

> **1**
>
> 单击"幻灯片浏览"按钮，将切换到幻灯片浏览视图。

> **2**
>
> 在浏览视图下，即可浏览幻灯片的整体效果，还可以对幻灯片进行移动、复制、粘贴、删除等操作。

1.7.3　幻灯片放映视图

其操作步骤如下：

> **1**
>
> 单击"幻灯片放映"按钮，将从当前所选的幻灯片开始放映。

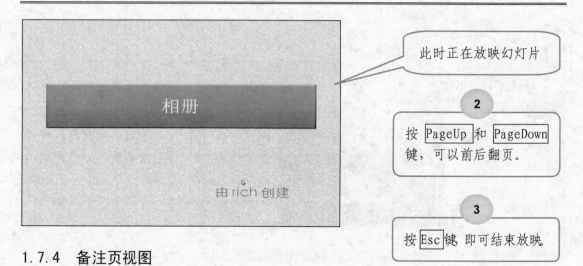

此时正在放映幻灯片

2

按 `PageUp` 和 `PageDown` 键，可以前后翻页。

3

按 `Esc` 键 即可结束放映。

1.7.4 备注页视图

其操作步骤如下：

1

进入"视图"选项卡。

2

单击"备注页"按钮，将进入"备注页"视图。

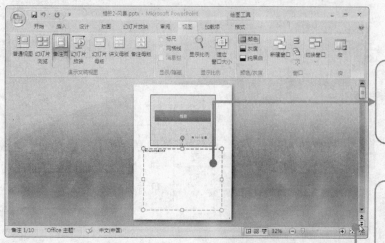

3

在下面的备注框中，可以针对幻灯片输入补充说明。

4

单击此按钮，将翻到下一张幻灯片，以便继续为其他幻灯片输入说明。

1.8 退出 PowerPoint

当完成幻灯制作片时，就可以退出 PowerPoint 了。其操作步骤如下：

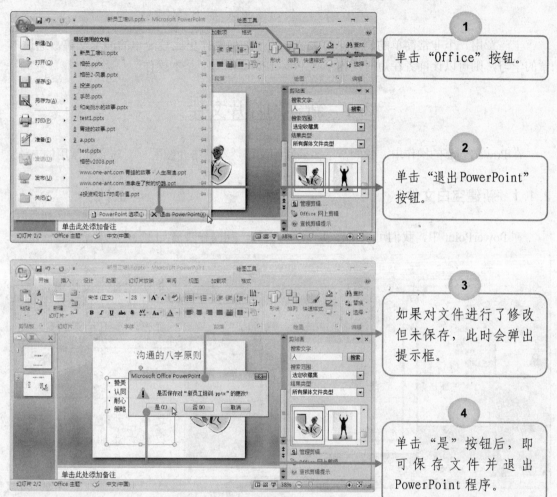

1 单击 "Office" 按钮。

2 单击 "退出 PowerPoint" 按钮。

3 如果对文件进行了修改但未保存，此时会弹出提示框。

4 单击 "是" 按钮后，即可保存文件并退出 PowerPoint 程序。

退出PowerPoint 2007的方法还有以下几种：

◆ 按 Alt + F4 组合键。
◆ 在标题栏上右击，再在弹出的菜单中选择"关闭"命令。
◆ 双击PowerPoint 2007标题栏左侧的"Office"按钮。
◆ 单击PowerPoint 2007标题栏右侧的"关闭"按钮 ╳ 。

第2章 PowerPoint 的基本操作

上一章用一个非常简单的例子，向大家介绍了如何制作出比较简单的演示文稿。通过本章的学习，则可以让读者在短时间内掌握 PowerPoint 的更多基本操作。

2.1 新建幻灯片文件

在 PowerPoint 的操作中，我们常常需要新建文件，本节将介绍两种新建文件常用的方法。

2.1.1 新建空白文件

在 PowerPoint 中，我们可以直接新建空白文件，其操作步骤如下：

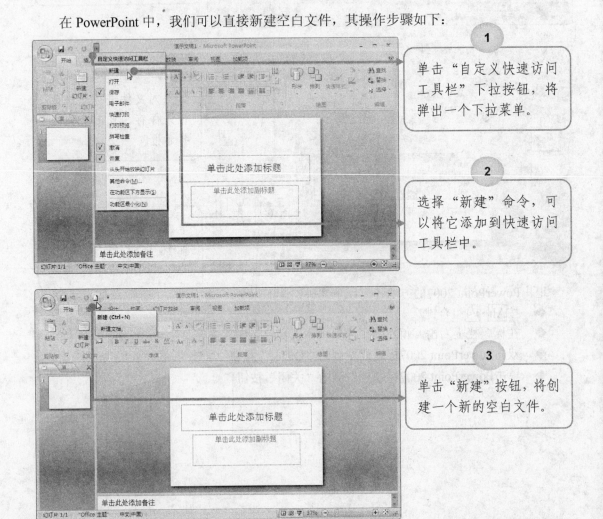

1 单击"自定义快速访问工具栏"下拉按钮，将弹出一个下拉菜单。

2 选择"新建"命令，可以将它添加到快速访问工具栏中。

3 单击"新建"按钮，将创建一个新的空白文件。

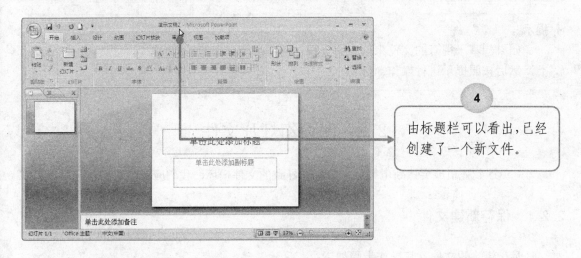

4

由标题栏可以看出，已经创建了一个新文件。

2.1.2　使用模板新建文件

除了直接新建空白文件以外，还可以使用模板新建文件，其操作步骤如下：

1

单击 "Office" 按钮。

2

选择 "新建" 命令，将弹出 "新建演示文稿" 对话框。

3

选择一个模板分类。

4

选择一种模板。

5

单击 "创建" 按钮，将根据所选的模板来创建一个新文件。

提示

如果想基于现有的文件来创建新文件，则可以在左侧选择"根据现有内容新建"分类，然后按照提示进行操作即可。

2.2 保存幻灯片文件

为避免遇到死机或突然断电等意外情况而导致的文件损坏，我们应及时对文件进行保存。

2.2.1 保存新建文件

要保存新建的文件，其操作步骤如下：

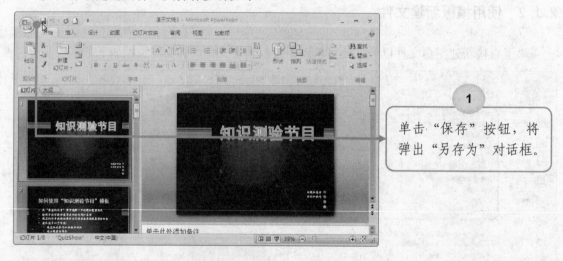

1 单击"保存"按钮，将弹出"另存为"对话框。

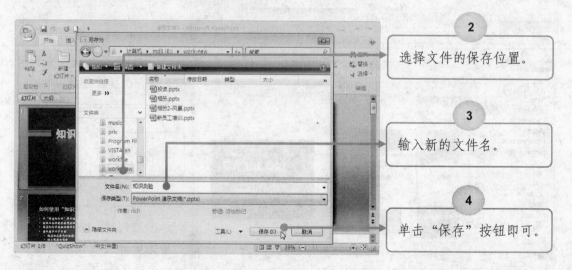

2 选择文件的保存位置。

3 输入新的文件名。

4 单击"保存"按钮即可。

> **提示**
>
> 　　对于保存过的文件，进行修改后，若要保存可直接单击"Office"按钮并选择"保存"命令，或单击快速访问工具栏中的"保存"按钮进行保存，此时不会弹出"另存为"对话框。

2.2.2　保存已有的文件

　　如果用户对当前文件进行了修改，但是还需要保留原始文件，或在不同的文件夹下保存文件的备份，就可以使用"另存为"命令（在"另存为"对话框中输入不同的文件名或文件夹来保存文件，这样原始文件保持不变）。此外，如果要以其他的格式保存文件，也可使用"另存为"命令。

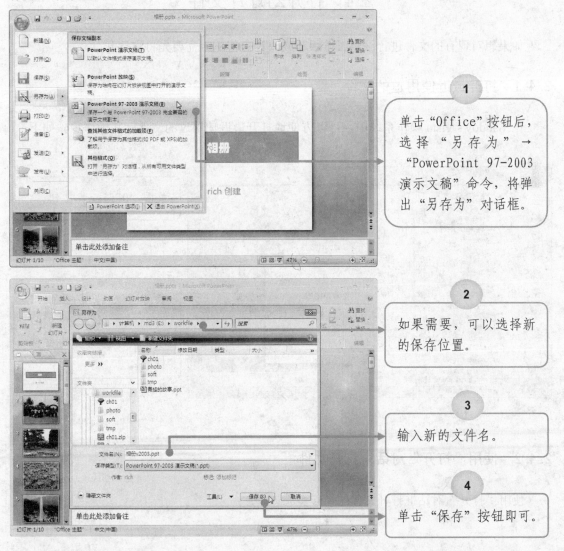

1　单击"Office"按钮后，选择"另存为"→"PowerPoint 97-2003 演示文稿"命令，将弹出"另存为"对话框。

2　如果需要，可以选择新的保存位置。

3　输入新的文件名。

4　单击"保存"按钮即可。

2.3　关闭幻灯片文件

对文件的操作全部完成后，我们就可以关闭文件了。要关闭一个文件，最快的方法是单击标题栏右侧的"关闭"按钮。此外，也可以使用下面的方法来关闭文件：

（1）单击"Office"按钮后，在弹出的菜单中选择"关闭"命令。

（2）选择"关闭"命令后，可能会遇到下列情形之一：

◆　如果对文件未做修改，或者对文件做了修改并已保存，则将直接关闭文件而不出现任何提示。

◆　如果对文件做了修改且还未保存，则在关闭文件之前系统会询问是要否保存所做的修改。此时单击"是"按钮，将在保存修改后关闭文件。

2.4　打开幻灯片文件

如果想对现有的文件进行编辑、排版和放映等操作，就需要先将它打开。

2.4.1　打开最近使用过的文件

在 Windows Vista 操作系统中，可以方便地打开最近使用过的文件，其操作步骤如下：

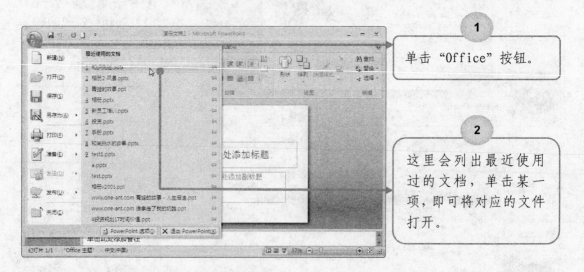

1　单击"Office"按钮。

2　这里会列出最近使用过的文档，单击某一项，即可将对应的文件打开。

2.4.2　使用"打开"对话框打开文件

使用"打开"对话框打开文件的操作步骤如下：

1　单击 "Office" 按钮。

2　选择 "打开" 命令，将弹出 "打开" 对话框。

3　切换到文件所在的位置。

4　选择一个文件。

5　单击 "打开" 按钮，即可将所选的文件打开。

2.5　幻灯片的基本操作

本节将介绍几种幻灯片的基本操作。

2.5.1　插入新幻灯片

我们可以在幻灯片中插入新的幻灯片，其操作步骤如下：

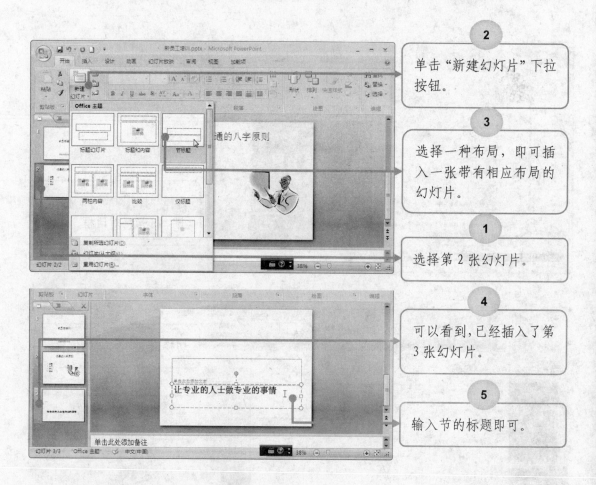

2 单击"新建幻灯片"下拉按钮。

3 选择一种布局，即可插入一张带有相应布局的幻灯片。

1 选择第 2 张幻灯片。

4 可以看到，已经插入了第 3 张幻灯片。

5 输入节的标题即可。

2.5.2 插入其他幻灯片文件中的幻灯片

除了插入新幻灯片以外，我们还可以插入其他文件中的幻灯片，其操作步骤如下：

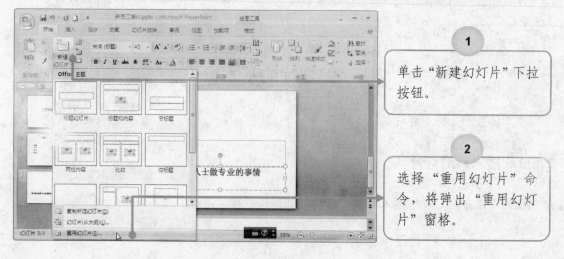

1 单击"新建幻灯片"下拉按钮。

2 选择"重用幻灯片"命令，将弹出"重用幻灯片"窗格。

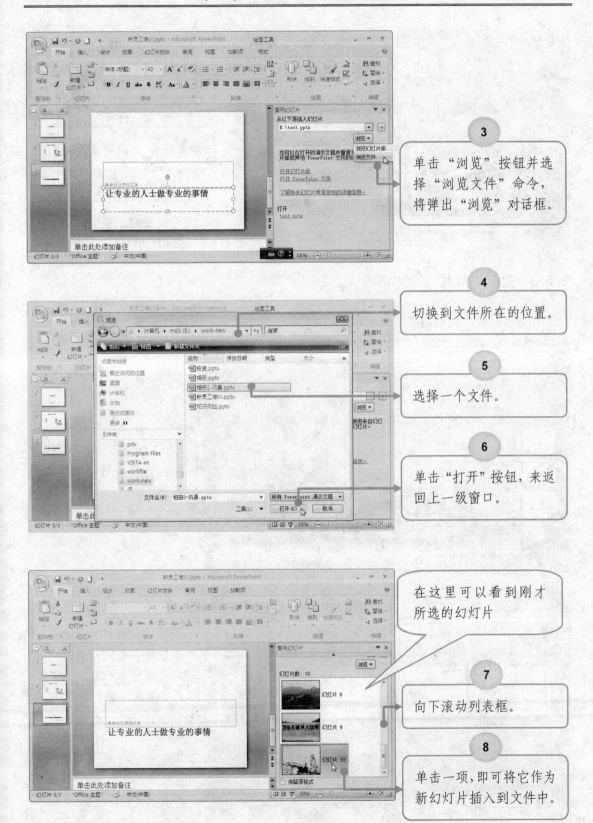

3 单击"浏览"按钮并选择"浏览文件"命令，将弹出"浏览"对话框。

4 切换到文件所在的位置。

5 选择一个文件。

6 单击"打开"按钮，来返回上一级窗口。

在这里可以看到刚才所选的幻灯片

7 向下滚动列表框。

8 单击一项，即可将它作为新幻灯片插入到文件中。

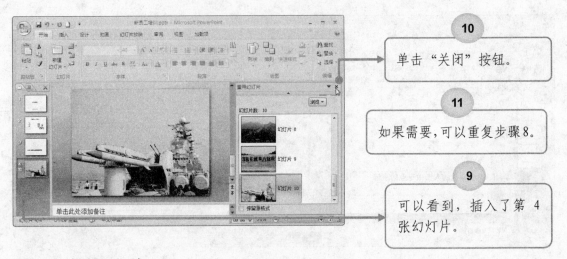

10 单击"关闭"按钮。

11 如果需要,可以重复步骤8。

9 可以看到,插入了第 4 张幻灯片。

2.5.3 复制幻灯片

在很多时候,我们需要复制已有的幻灯片作为新的文件,其操作步骤如下:

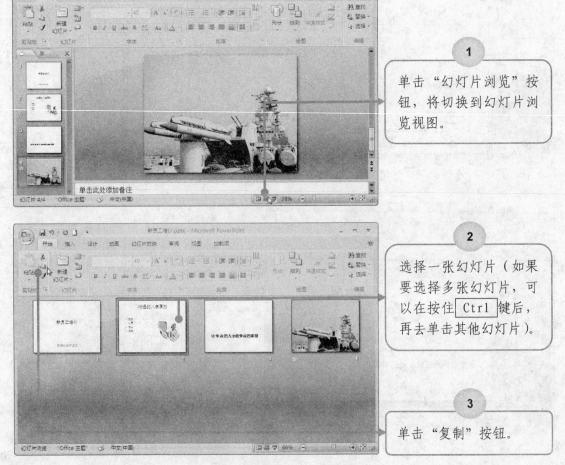

1 单击"幻灯片浏览"按钮,将切换到幻灯片浏览视图。

2 选择一张幻灯片(如果要选择多张幻灯片,可以在按住 Ctrl 键后,再去单击其他幻灯片)。

3 单击"复制"按钮。

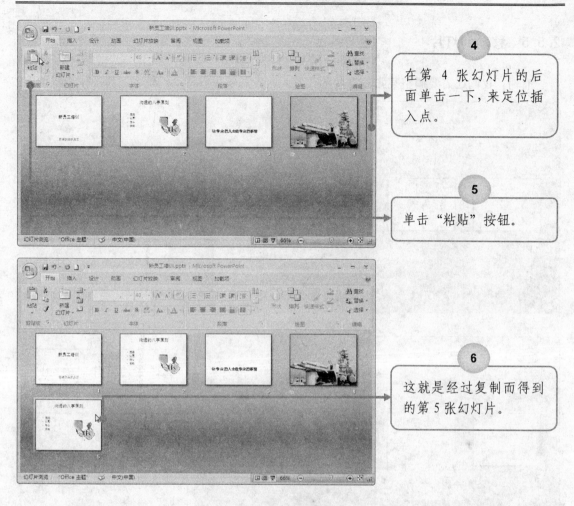

4
在第 4 张幻灯片的后面单击一下，来定位插入点。

5
单击"粘贴"按钮。

6
这就是经过复制而得到的第 5 张幻灯片。

2.5.4　删除幻灯片

对于某张或不再需要的幻灯片，我们可以删掉它，其操作步骤如下：

2
从弹出的菜单中选择"删除幻灯片"命令，即可将它删除。

1
在要删除的幻灯片上右击。

2.5.5 移动幻灯片

有时，我们还需要调整某张幻灯片的位置，这就需要我们移动幻灯片，其操作步骤如下：

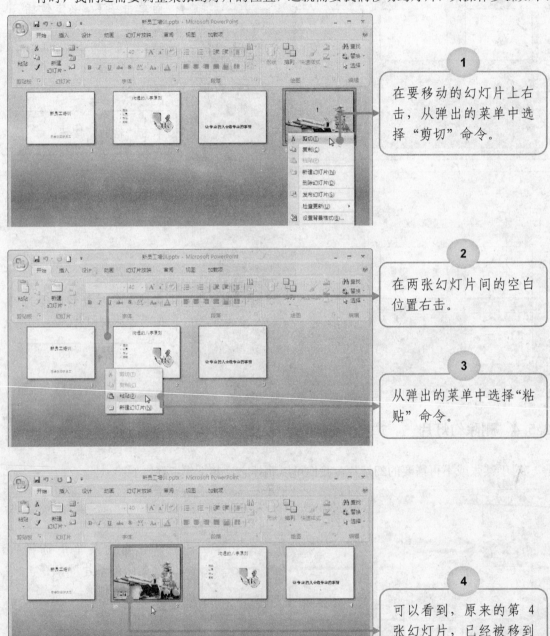

1 在要移动的幻灯片上右击，从弹出的菜单中选择"剪切"命令。

2 在两张幻灯片间的空白位置右击。

3 从弹出的菜单中选择"粘贴"命令。

4 可以看到，原来的第 4 张幻灯片，已经被移到第 2 张幻灯片的位置。

2.6　在打开的幻灯片文件之间切换

按照前面介绍的新建或打开演示文稿的方法，我们可以新建或打开多个演示文稿，并分别进行编辑和处理。

当读者打开多个演示文稿文件之后，每个演示文稿占据了一个演示文稿窗口。当演示文稿窗口最大化时，屏幕上仅能看到一个演示文稿的内容。如果要转到其他文件，就要在文件之间进行切换。

2.6.1　利用任务栏切换文件

利用任务栏我们可以非常方便地切换文件，操作方法如下：

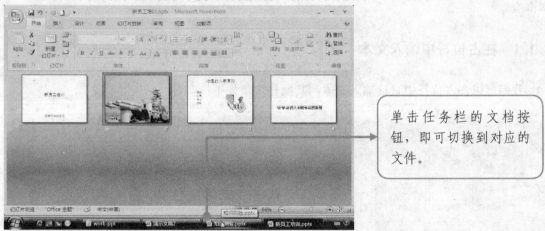

单击任务栏的文档按钮，即可切换到对应的文件。

2.6.2　利用菜单切换文件

我们还可以利用菜单切换文件，其操作步骤如下：

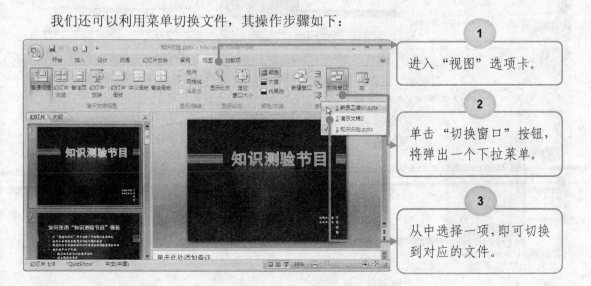

1 进入"视图"选项卡。

2 单击"切换窗口"按钮，将弹出一个下拉菜单。

3 从中选择一项，即可切换到对应的文件。

第 3 章　文本幻灯片的制作

醒目的字体、优美的版式，能够较好地表达演讲者的创意和观点。本章将介绍如何在幻灯片中输入文本，以及如何编辑和格式化文本。

3.1　输　入　文　本

我们可以直接将文本输入到占位符中。若要在占位符以外的位置插入文本，则要使用"文本框"。

3.1.1　在占位符中输入文本

我们可以在占位符中直接输入文本，其操作步骤如下：

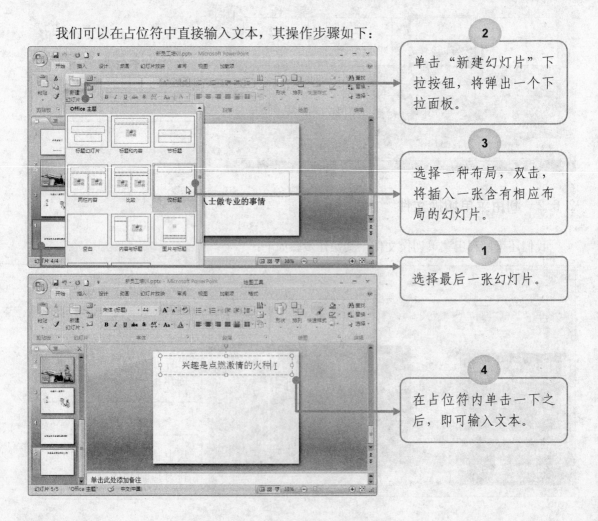

2 单击"新建幻灯片"下拉按钮，将弹出一个下拉面板。

3 选择一种布局，双击，将插入一张含有相应布局的幻灯片。

1 选择最后一张幻灯片。

4 在占位符内单击一下之后，即可输入文本。

3.1.2 使用文本框添加文本

我们还可以使用文本框添加文本，其操作步骤如下：

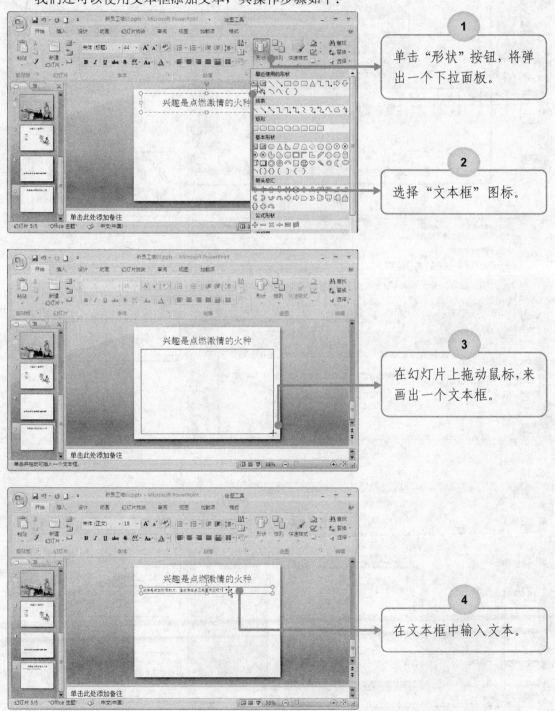

1 单击"形状"按钮，将弹出一个下拉面板。

2 选择"文本框"图标。

3 在幻灯片上拖动鼠标，来画出一个文本框。

4 在文本框中输入文本。

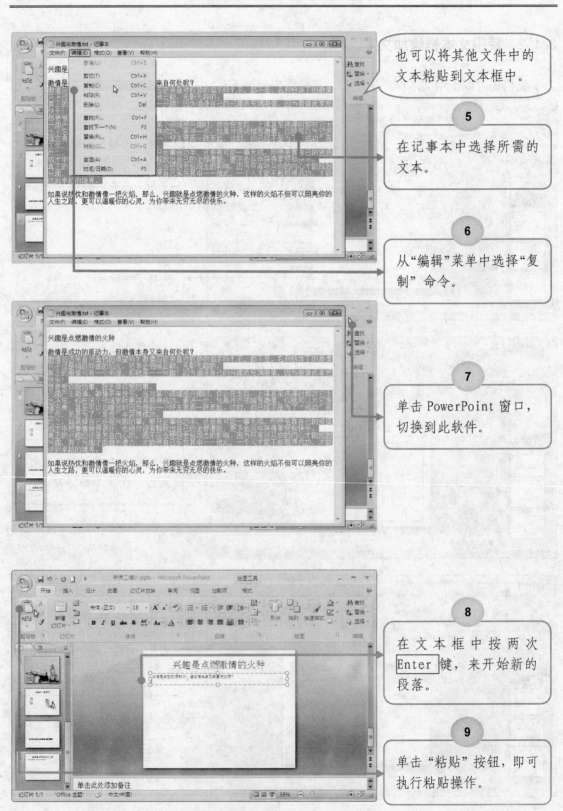

也可以将其他文件中的文本粘贴到文本框中。

5 在记事本中选择所需的文本。

6 从"编辑"菜单中选择"复制"命令。

7 单击 PowerPoint 窗口，切换到此软件。

8 在文本框中按两次 Enter 键，来开始新的段落。

9 单击"粘贴"按钮，即可执行粘贴操作。

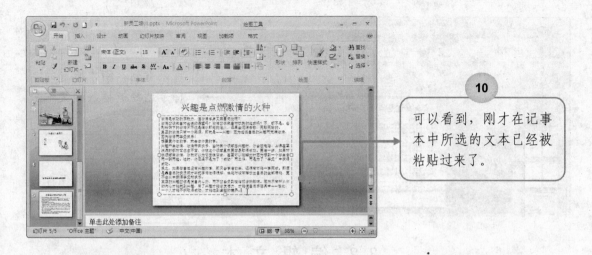

10

可以看到，刚才在记事本中所选的文本已经被粘贴过来了。

3.1.3　插入特殊符号

同 Word 一样，在 PowerPoint 中，我们也经常需要插入一些特殊符号，其操作步骤如下：

2

进入"插入"选项卡。

3

单击"符号"按钮并选择"更多"命令，将弹出"插入特殊符号"对话框。

1

在要插入特殊符号的位置单击一下，来定位光标。

4

进入"特殊符号"选项卡。

6

单击"确定"按钮。

5

选择一个符号。

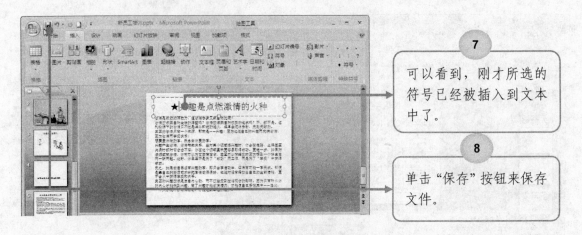

7 可以看到，刚才所选的符号已经被插入到文本中了。

8 单击"保存"按钮来保存文件。

3.2 编辑文本

编辑文本能够使幻灯片中的文本条理更加清晰。本节将介绍几种常用的编辑文本的操作。

3.2.1 移动文本

移动文本是一种基础的操作，其操作步骤如下：

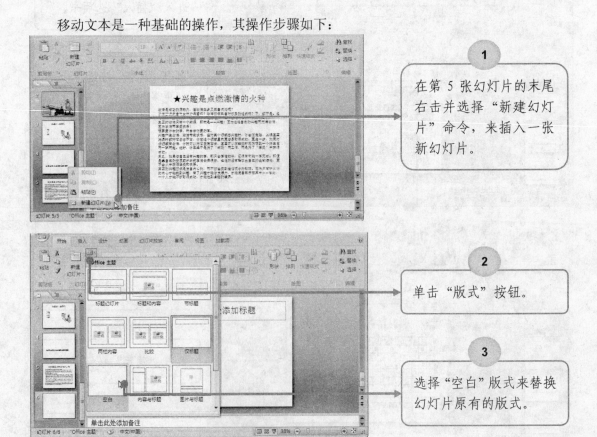

1 在第 5 张幻灯片的末尾右击并选择"新建幻灯片"命令，来插入一张新幻灯片。

2 单击"版式"按钮。

3 选择"空白"版式来替换幻灯片原有的版式。

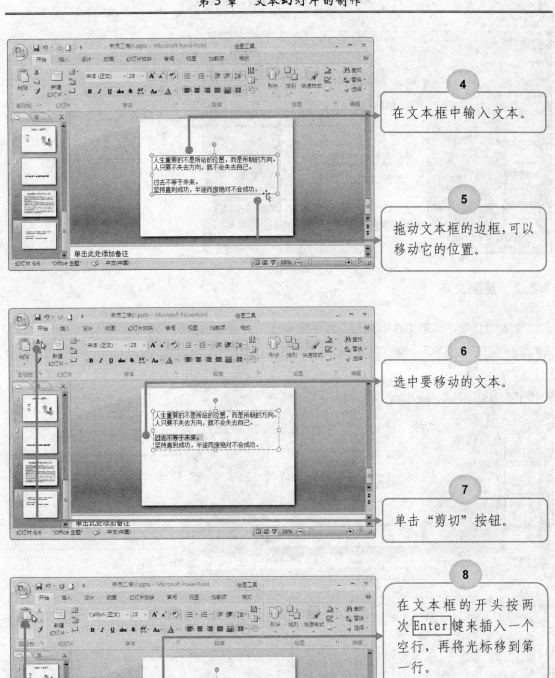

4

在文本框中输入文本。

5

拖动文本框的边框,可以移动它的位置。

6

选中要移动的文本。

7

单击"剪切"按钮。

8

在文本框的开头按两次 Enter 键来插入一个空行,再将光标移到第一行。

9

单击"粘贴"按钮。

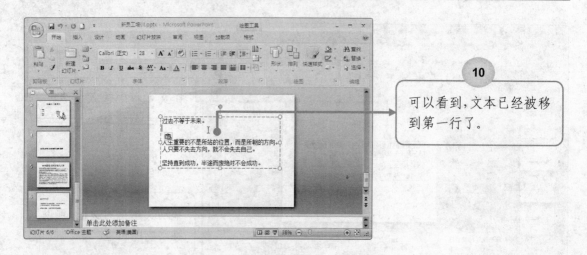

可以看到,文本已经被移
到第一行了。

3.2.2 复制文本

文本的复制是编辑工作中的另一项常用操作,其操作步骤如下:

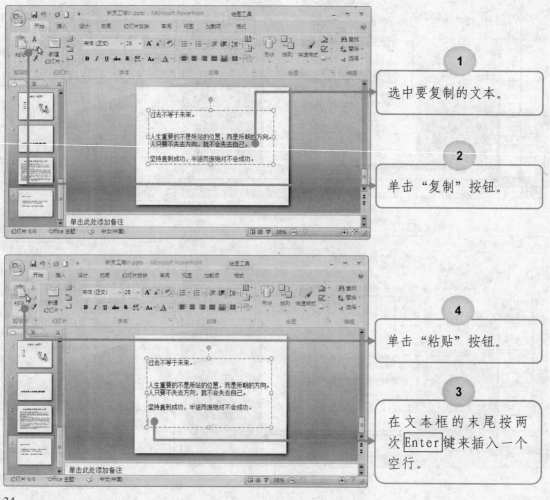

选中要复制的文本。

单击"复制"按钮。

单击"粘贴"按钮。

在文本框的末尾按两
次 Enter 键来插入一个
空行。

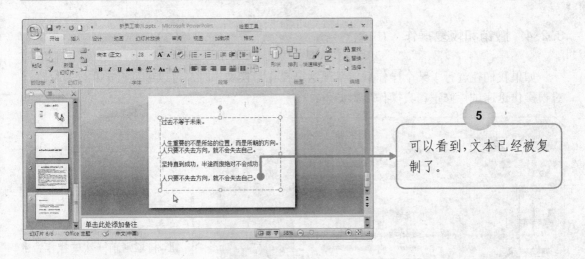

5 可以看到,文本已经被复制了。

3.2.3 删除文本

对于多余的文本,我们需要将其删除掉,其操作步骤如下:

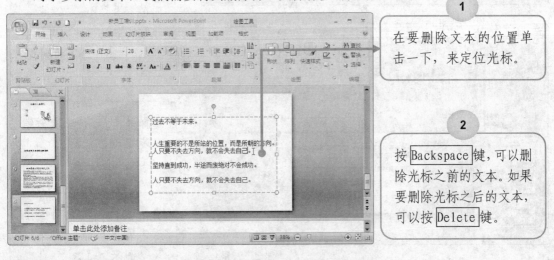

1 在要删除文本的位置单击一下,来定位光标。

2 按 Backspace 键,可以删除光标之前的文本。如果要删除光标之后的文本,可以按 Delete 键。

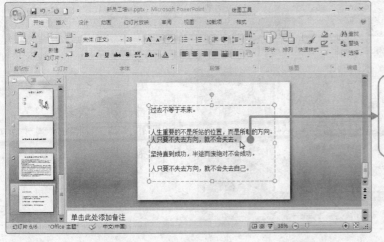

3 选中想要删除的文本,然后 Delete 键或 Backspace 键,可快速删除一串文本。

3.2.4　撤销和恢复操作

如果我们在进行了某个操作后，发现这一操作是误操作时，可以进行撤销和恢复操作，对误操作迅速进行修正。其操作步骤如下：

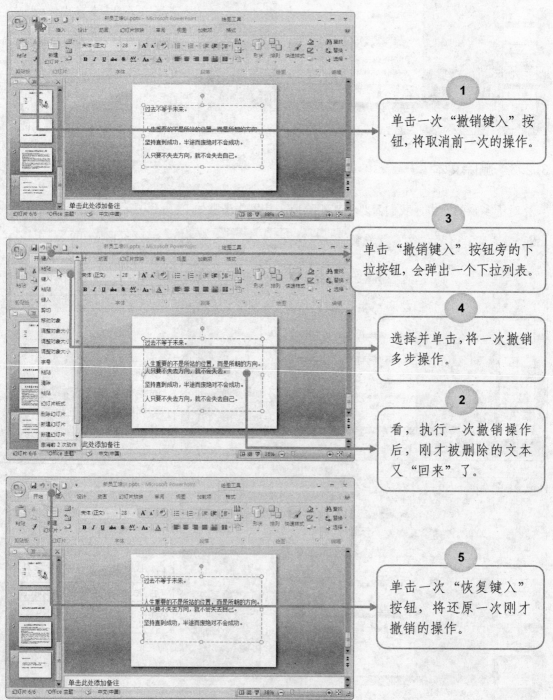

1 单击一次"撤销键入"按钮，将取消前一次的操作。

3 单击"撤销键入"按钮旁的下拉按钮，会弹出一个下拉列表。

4 选择并单击，将一次撤销多步操作。

2 看，执行一次撤销操作后，刚才被删除的文本又"回来"了。

5 单击一次"恢复键入"按钮，将还原一次刚才撤销的操作。

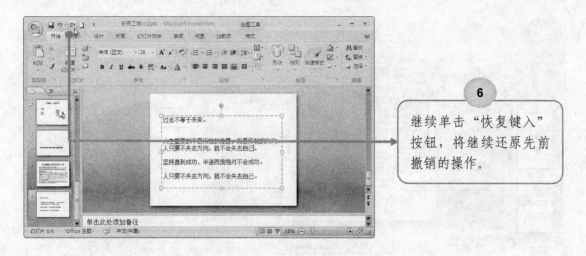

6

继续单击"恢复键入"按钮，将继续还原先前撤销的操作。

3.2.5　查找和替换

在幻灯片的文本中，我们常需要快速查找某个内容，或者对某些内容进行统一更改，这时可以利用查找和替换功能来实现。其操作步骤如下：

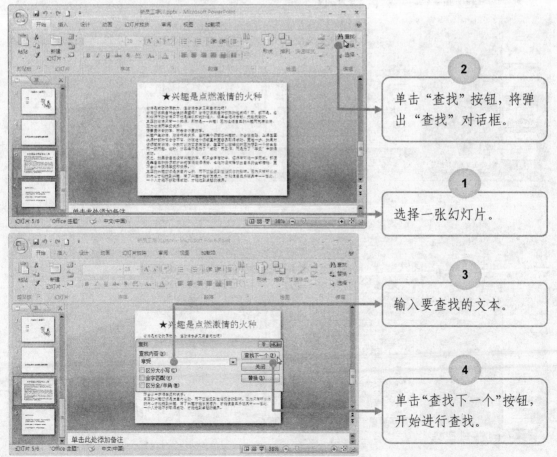

2

单击"查找"按钮，将弹出"查找"对话框。

1

选择一张幻灯片。

3

输入要查找的文本。

4

单击"查找下一个"按钮，开始进行查找。

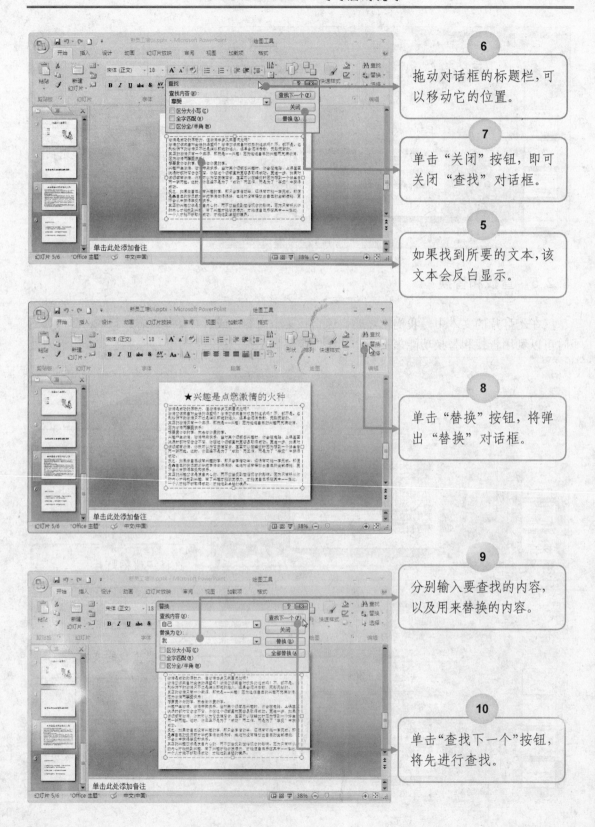

6
拖动对话框的标题栏，可以移动它的位置。

7
单击"关闭"按钮，即可关闭"查找"对话框。

5
如果找到所要的文本，该文本会反白显示。

8
单击"替换"按钮，将弹出"替换"对话框。

9
分别输入要查找的内容，以及用来替换的内容。

10
单击"查找下一个"按钮，将先进行查找。

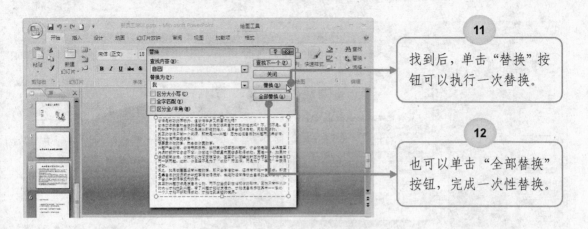

11 找到后，单击"替换"按钮可以执行一次替换。

12 也可以单击"全部替换"按钮，完成一次性替换。

3.3　设置文本格式

通过设置文本格式，可以使它们看起来更漂亮，也显得更专业。

3.3.1　使用功能区设置文本格式

我们可以使用功能区来设置文本格式，其操作步骤如下：

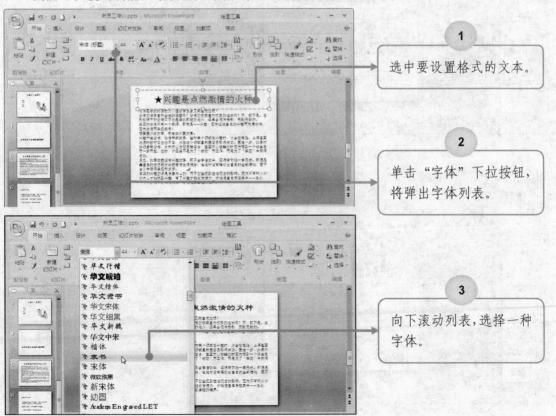

1 选中要设置格式的文本。

2 单击"字体"下拉按钮，将弹出字体列表。

3 向下滚动列表，选择一种字体。

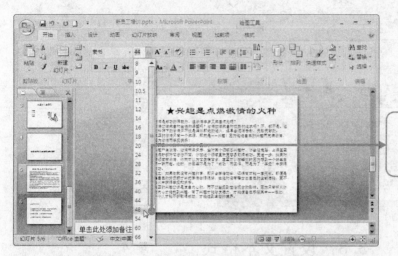

4

单击"字号"下拉按钮并选择一种字号。

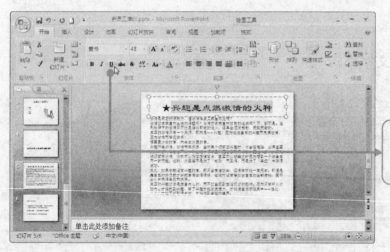

5

单击"下划线"按钮,将为所选文本添加下划线。

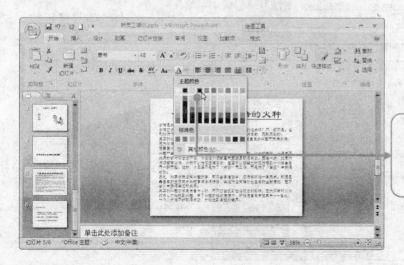

6

单击"字体颜色"下拉按钮并选择一种字体颜色即可。

3.3.2　使用对话框设置文本格式

我们还可以使用对话框来设置文本格式，其操作步骤如下：

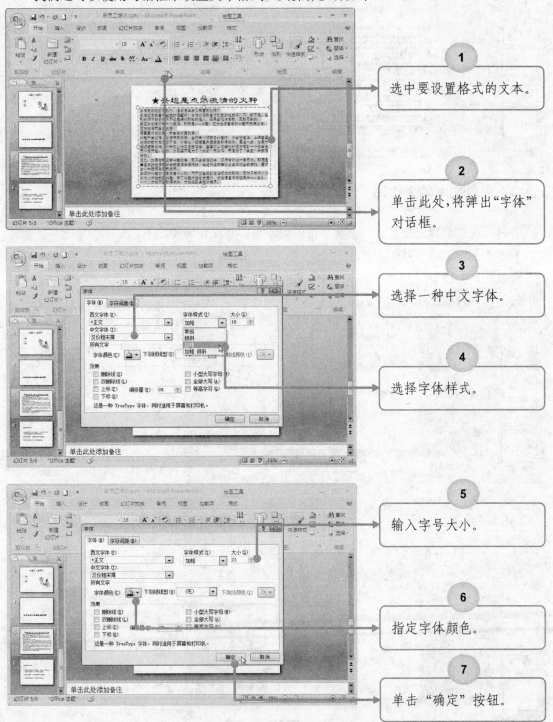

1 选中要设置格式的文本。

2 单击此处，将弹出"字体"对话框。

3 选择一种中文字体。

4 选择字体样式。

5 输入字号大小。

6 指定字体颜色。

7 单击"确定"按钮。

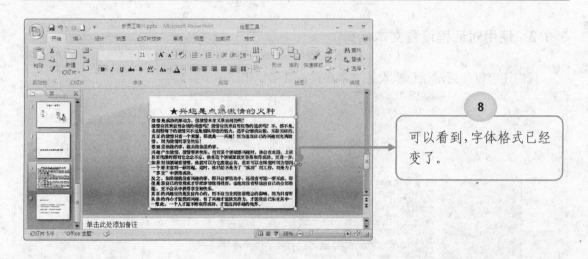

8 可以看到，字体格式已经变了。

3.3.3 更改文本的大小写

有时，我们需要更改文本中英文字符的大小写，其操作步骤如下：

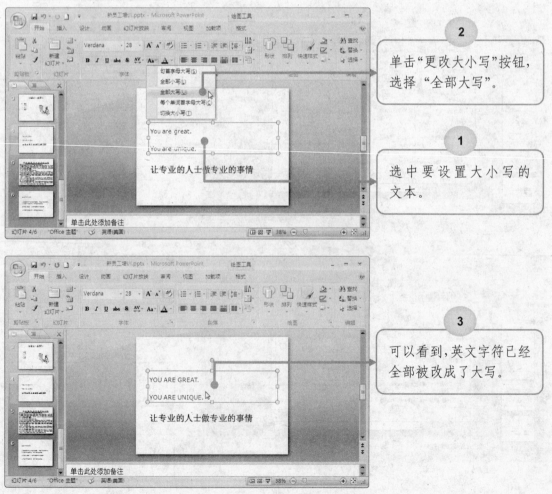

2 单击"更改大小写"按钮，选择"全部大写"。

1 选中要设置大小写的文本。

3 可以看到，英文字符已经全部被改成了大写。

3.3.4　快速设置字体

此外，我们还可以快速设置字体，其操作步骤如下：

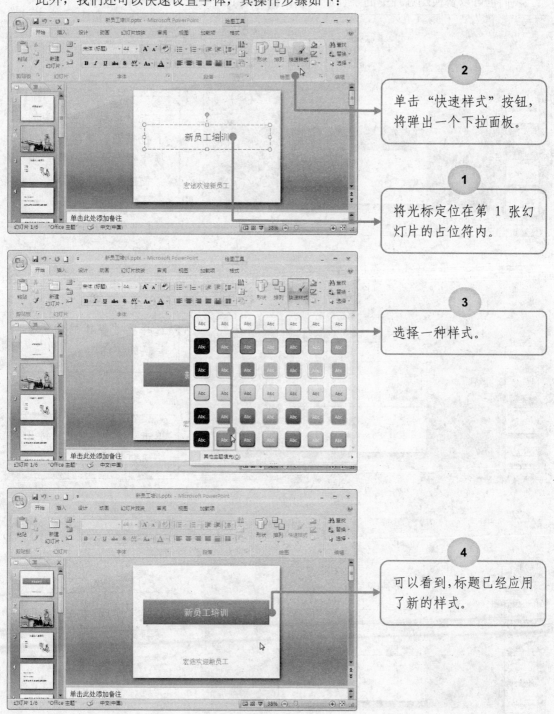

2 单击"快速样式"按钮，将弹出一个下拉面板。

1 将光标定位在第 1 张幻灯片的占位符内。

3 选择一种样式。

4 可以看到，标题已经应用了新的样式。

3.3.5 替换字体

我们也可以替换幻灯片中的字体，其操作步骤如下：

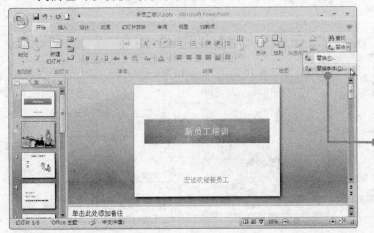

1 单击"替换"按钮旁的下拉按钮，再选择"替换字体"命令，将弹出"替换字体"对话框。

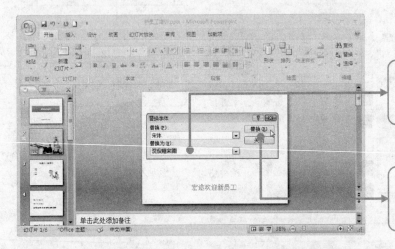

2 选择要被替换的和用来替换的字体。

3 单击"替换"按钮，将开始执行替换操作。

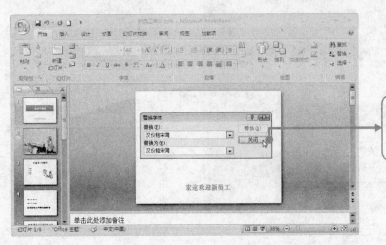

4 替换完毕后，单击"关闭"按钮即可。

3.4　设置段落格式

除了可以设置文本的格式以外，还可以设置段落的格式。

3.4.1　设置段落的对齐方式

段落的对齐方式有"左对齐"、"居中"等，会直接影响文本排版效果。其操作步骤如下：

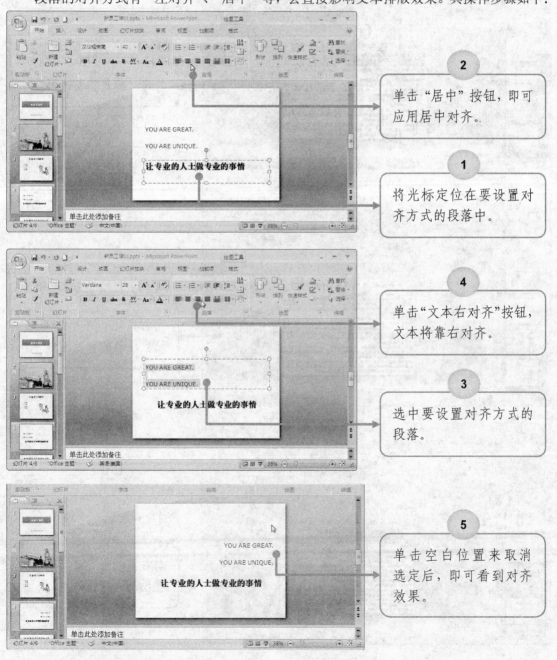

2 单击"居中"按钮，即可应用居中对齐。

1 将光标定位在要设置对齐方式的段落中。

4 单击"文本右对齐"按钮，文本将靠右对齐。

3 选中要设置对齐方式的段落。

5 单击空白位置来取消选定后，即可看到对齐效果。

3.4.2　设置段落缩进

设置段落缩进可以将各个段落分开，并显示出更加清晰的段落层次，从而便于阅读。其操作步骤如下：

② 进入"视图"选项卡。

③ 勾选"标尺"复选框。

① 选中要设置缩进的段落。

④ 向右拖动小倒三角，可以设置段落的首行缩进。

⑤ 向右拖动小方块，可以设置段落的左侧缩进。

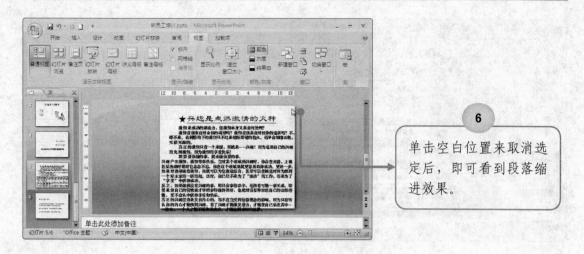

6 单击空白位置来取消选定后，即可看到段落缩进效果。

3.4.3　调整行间距和段间距

设置合适的行间距、段间距，可以增强文本的可读性。其操作步骤如下：

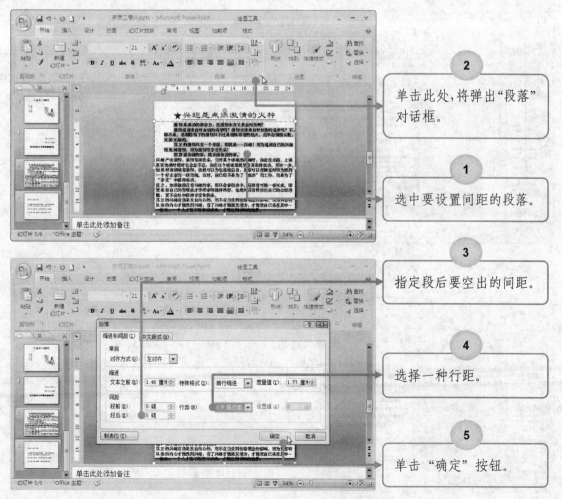

2 单击此处，将弹出"段落"对话框。

1 选中要设置间距的段落。

3 指定段后要空出的间距。

4 选择一种行距。

5 单击"确定"按钮。

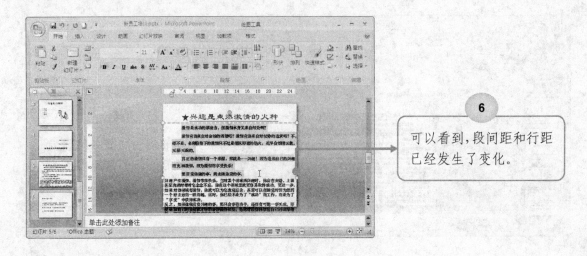

可以看到，段间距和行距
已经发生了变化。

3.4.4 设置文字分栏

在 PowerPoint 中，不仅可以设为单栏，还可以把页面分成多栏，其操作步骤如下：

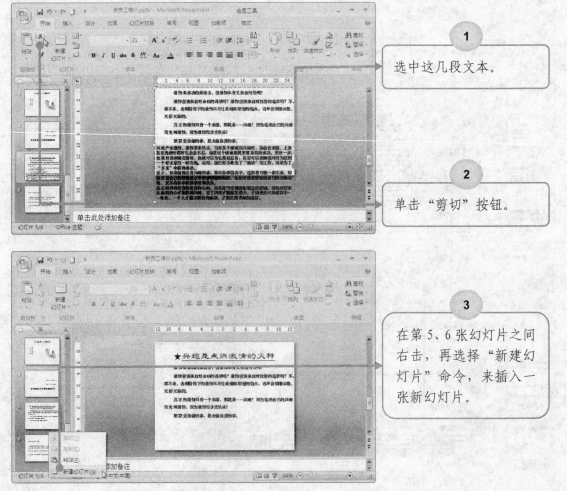

1 选中这几段文本。

2 单击"剪切"按钮。

3 在第 5、6 张幻灯片之间右击，再选择"新建幻灯片"命令，来插入一张新幻灯片。

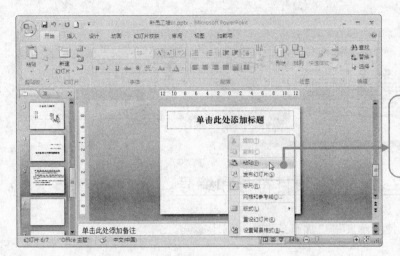

4

在新幻灯片中右击，再选择"粘贴"命令，来粘贴刚才所剪切的文本。

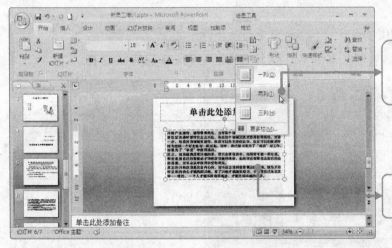

6

单击"分栏"按钮后，选择所需的列数。

5

选中文本框内的文本。

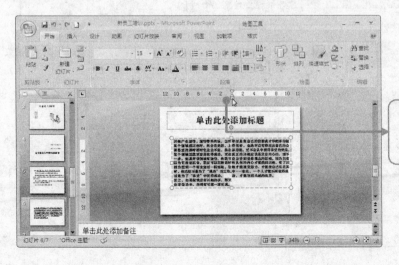

7

拖动这个小方块，来调整栏间距。

8 单击空白位置取消选定后，即可看到分栏效果。

3.5 使用项目符号和编号

项目符号和编号列表会使演示文稿更加有条理性，易于阅读。

3.5.1 使用项目符号列表

在演示文稿中，通过使用项目符号，能使其更有条理性。其操作步骤如下：

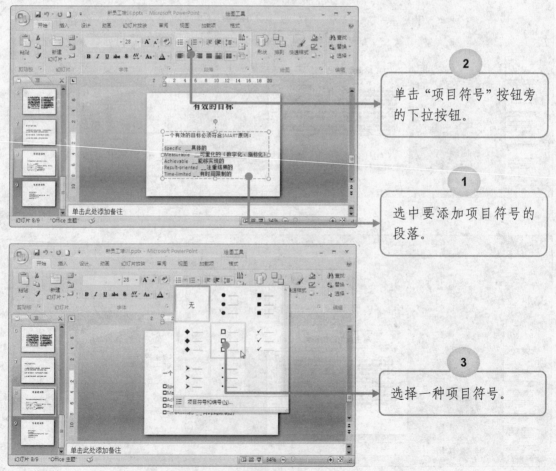

2 单击"项目符号"按钮旁的下拉按钮。

1 选中要添加项目符号的段落。

3 选择一种项目符号。

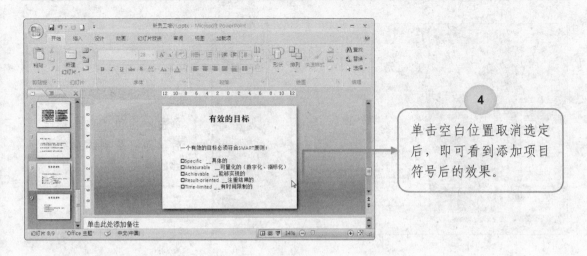

4

单击空白位置取消选定后，即可看到添加项目符号后的效果。

3.5.2　使用编号列表

除了项目符号以外，使用编号也可以达到类似的效果。其操作步骤如下：

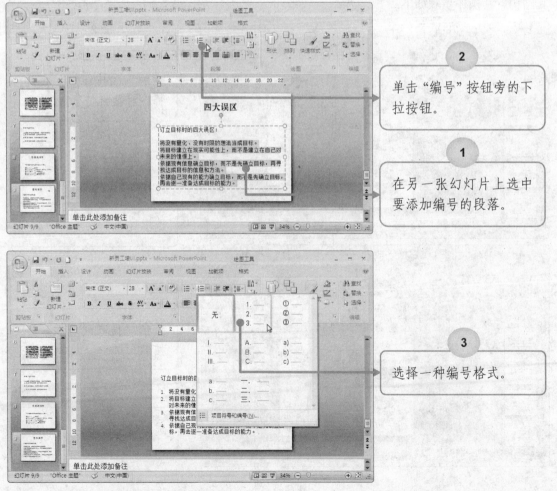

2

单击"编号"按钮旁的下拉按钮。

1

在另一张幻灯片上选中要添加编号的段落。

3

选择一种编号格式。

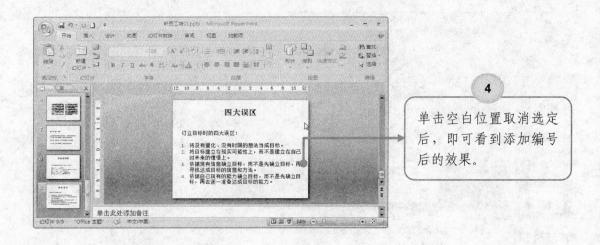

4 单击空白位置取消选定后，即可看到添加编号后的效果。

3.5.3 创建多级项目列表

对于一些层次较多、较复杂的演示文稿，我们常常需要创建多级项目来更加清晰地显示其结构。其操作步骤如下：

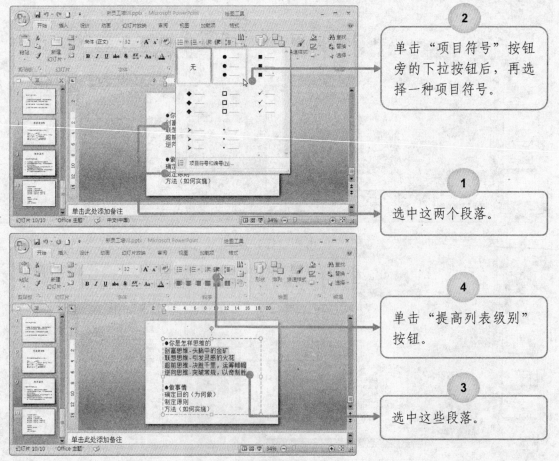

2 单击"项目符号"按钮旁的下拉按钮后，再选择一种项目符号。

1 选中这两个段落。

4 单击"提高列表级别"按钮。

3 选中这些段落。

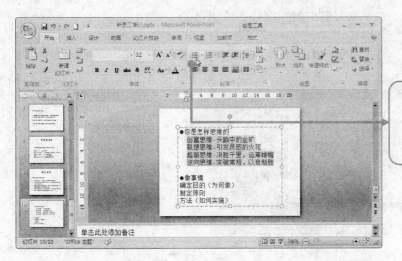

5

单击"项目符号"按钮，即可添加默认的项目符号。

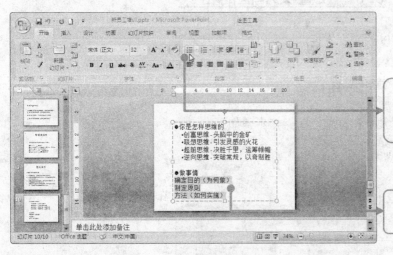

8

单击"项目符号"按钮，为它们添加项目符号。

6

选中这些段落。

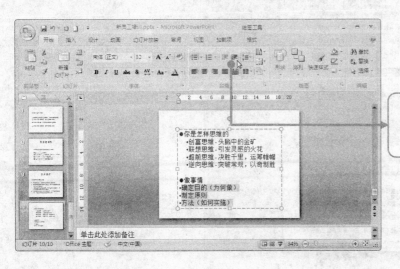

7

单击"提高列表级别"按钮。

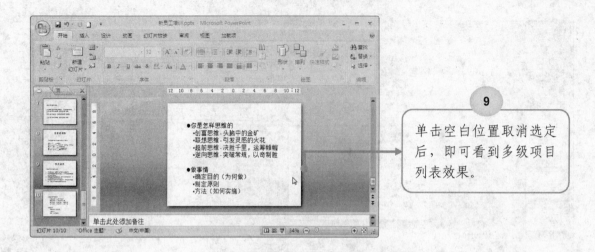

9 单击空白位置取消选定后，即可看到多级项目列表效果。

3.6 设置文本框的格式

在很多的时候，我们可以改变文本框的形式以使其更具效果。

3.6.1 改变文本框的大小和位置

我们可以改变文本框的大小和位置，其操作步骤如下：

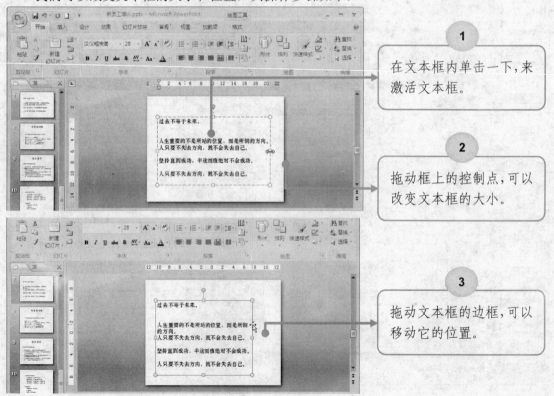

1 在文本框内单击一下，来激活文本框。

2 拖动框上的控制点，可以改变文本框的大小。

3 拖动文本框的边框，可以移动它的位置。

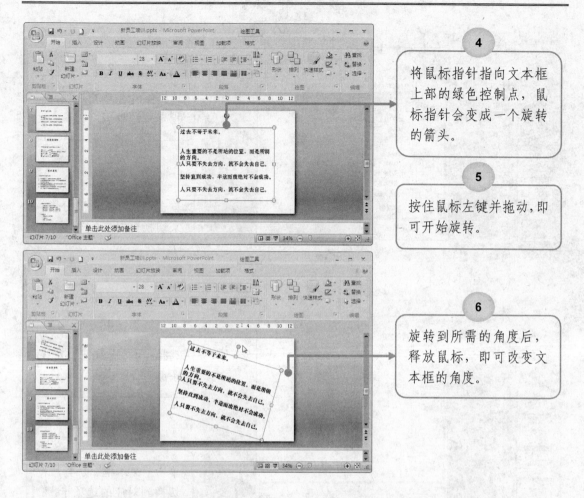

将鼠标指针指向文本框上部的绿色控制点，鼠标指针会变成一个旋转的箭头。

5

按住鼠标左键并拖动，即可开始旋转。

6

旋转到所需的角度后，释放鼠标，即可改变文本框的角度。

3.6.2　设置边框和填充效果

我们还可以设置边框和填充效果，其操作步骤如下：

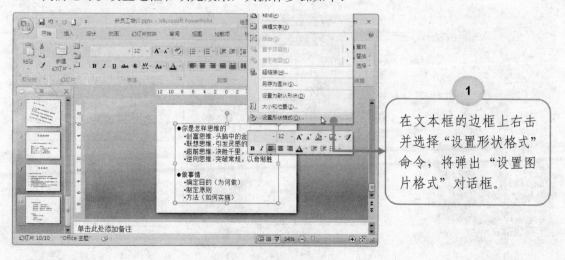

1

在文本框的边框上右击并选择"设置形状格式"命令，将弹出"设置图片格式"对话框。

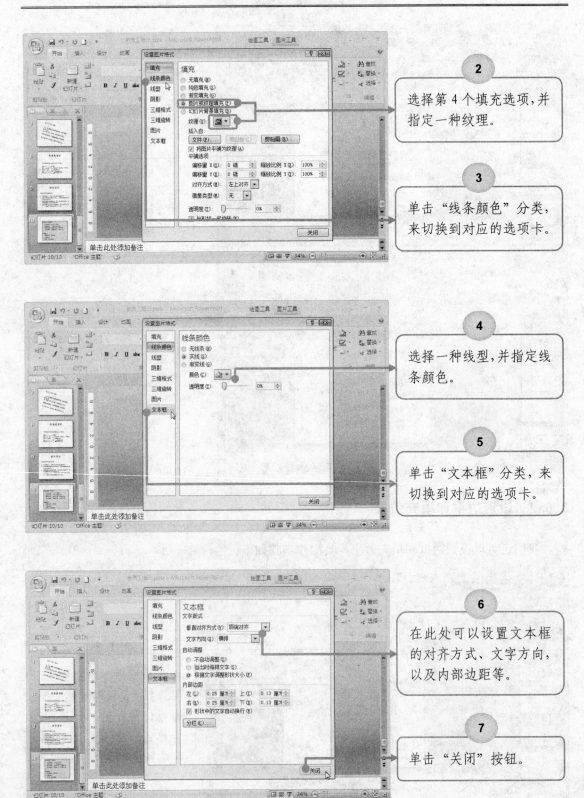

2
选择第 4 个填充选项，并指定一种纹理。

3
单击"线条颜色"分类，来切换到对应的选项卡。

4
选择一种线型，并指定线条颜色。

5
单击"文本框"分类，来切换到对应的选项卡。

6
在此处可以设置文本框的对齐方式、文字方向，以及内部边距等。

7
单击"关闭"按钮。

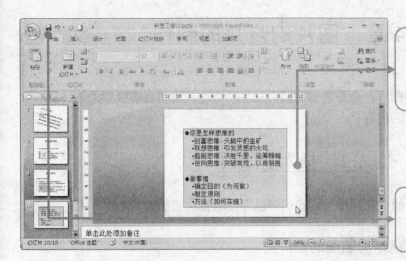

8 单击空白位置取消选定后，即可看到文本框的边框和填充效果。

9 单击"保存"按钮保存文件即可。

第4章　图片幻灯片的制作

在幻灯片中加入精美的图片，会使演示文稿更加生动有趣，也更富有吸引力，还能够帮助观众更有效地理解幻灯片的内容。

4.1　插入剪贴画

PowerPoint 中包含许多的剪贴画图片，我们可以方便地将它们插入到幻灯片中。

4.1.1　利用自动版式创建带剪贴画的幻灯片

我们可以利用 PowerPoint 的自动版式创建带剪贴画的幻灯片，其操作步骤如下：

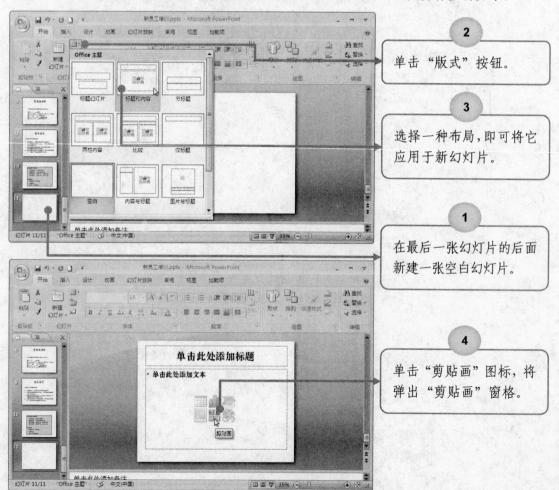

2 单击"版式"按钮。

3 选择一种布局，即可将它应用于新幻灯片。

1 在最后一张幻灯片的后面新建一张空白幻灯片。

4 单击"剪贴画"图标，将弹出"剪贴画"窗格。

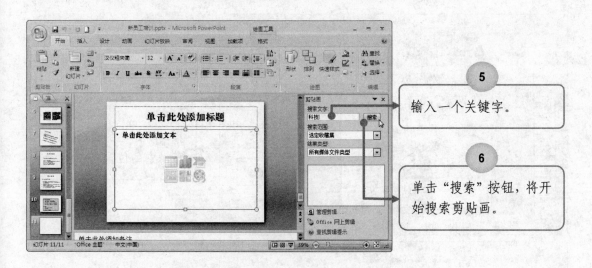

5 输入一个关键字。

6 单击"搜索"按钮，将开始搜索剪贴画。

7 在搜索结果中选中一个剪贴画单击，即可将它插入到幻灯片中。

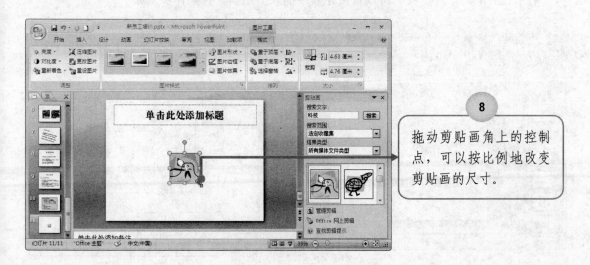

8 拖动剪贴画角上的控制点，可以按比例地改变剪贴画的尺寸。

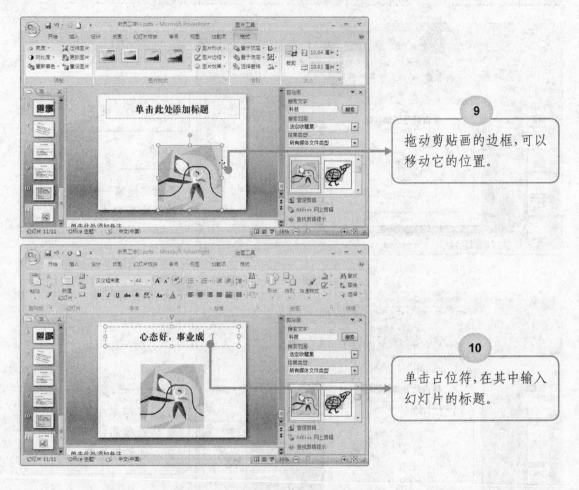

9 拖动剪贴画的边框,可以移动它的位置。

10 单击占位符,在其中输入幻灯片的标题。

4.1.2 在已有的幻灯片中插入剪贴画

对于已有的幻灯片,我们可以直接在其中插入剪贴画。其操作步骤如下:

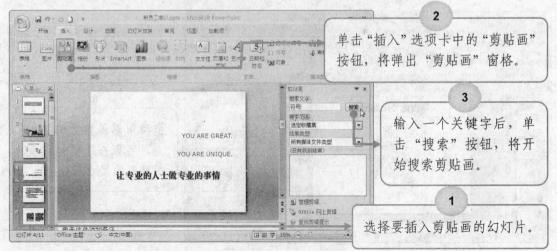

2 单击"插入"选项卡中的"剪贴画"按钮,将弹出"剪贴画"窗格。

3 输入一个关键字后,单击"搜索"按钮,将开始搜索剪贴画。

1 选择要插入剪贴画的幻灯片。

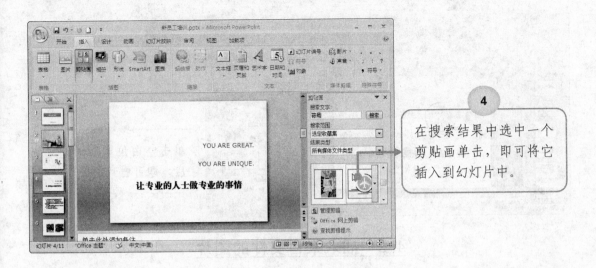

4 在搜索结果中选中一个剪贴画单击，即可将它插入到幻灯片中。

5 拖动角上的控制点，可以按比例地改变剪贴画的尺寸。

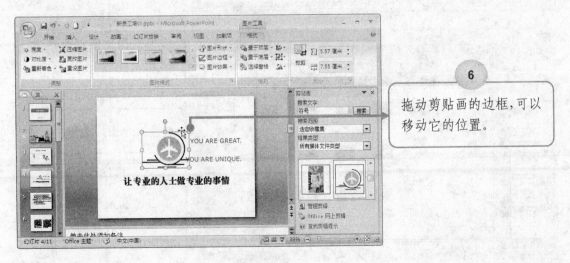

6 拖动剪贴画的边框，可以移动它的位置。

7 单击空白位置取消选定后，即可看到效果。

4.2   插入来自文件的图片

对于幻灯片而言，仅仅插入剪贴画并不足以满足我们的需求，我们常常需要利用图片等形式来为幻灯片提供更加丰富的内容。其操作步骤如下：

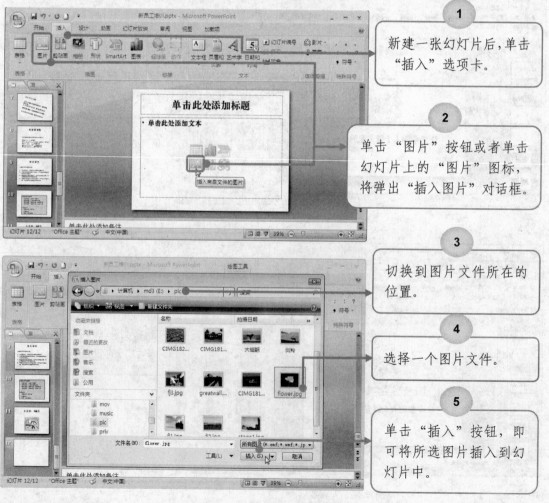

1 新建一张幻灯片后，单击"插入"选项卡。

2 单击"图片"按钮或者单击幻灯片上的"图片"图标，将弹出"插入图片"对话框。

3 切换到图片文件所在的位置。

4 选择一个图片文件。

5 单击"插入"按钮，即可将所选图片插入到幻灯片中。

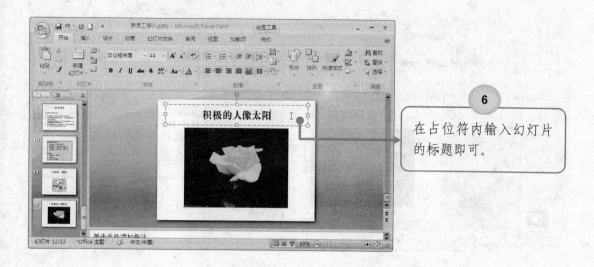

> **6** 在占位符内输入幻灯片的标题即可。

4.3　编　辑　图　片

　　将图片插入到幻灯片后，我们可以对这些图片进行必要的操作，如剪裁、改变大小和位置、改变图片的对比度和颜色等，从而使图片能够更好地表现幻灯片的主题。

4.3.1　图片的裁剪

　　如果只想强调图片的一部分而去掉图片中的多余部分，可以使用"裁剪"工具来对图片进行剪辑。其操作步骤如下：

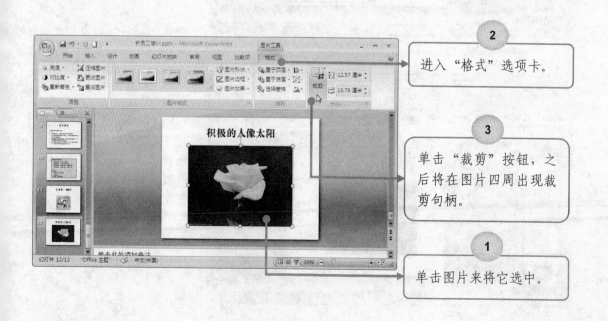

> **2** 进入"格式"选项卡。

> **3** 单击"裁剪"按钮，之后将在图片四周出现裁剪句柄。

> **1** 单击图片来将它选中。

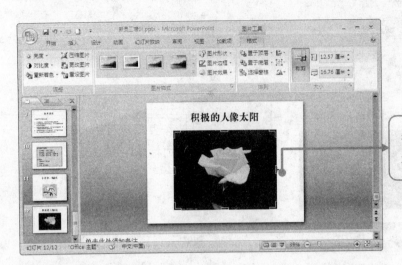

4

拖动右边的句柄,可以剪裁图片的宽度。

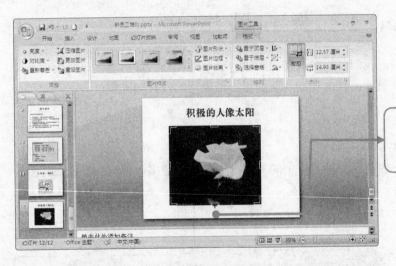

5

拖动下边的句柄,可以剪裁图片的高度。

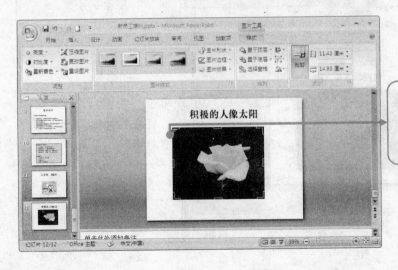

6

拖动角上的句柄,可以同时剪裁图片的高度和宽度。

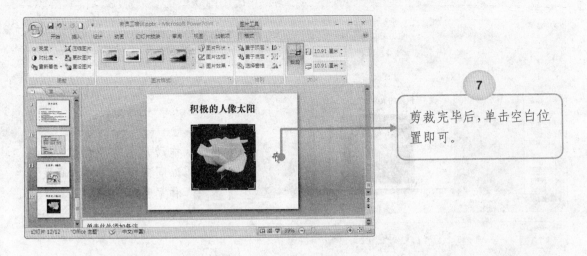

7

剪裁完毕后，单击空白位置即可。

4.3.2　改变图片的大小和位置

如果要改变图片的大小或者位置，也可以很方便地实现。其操作步骤如下：

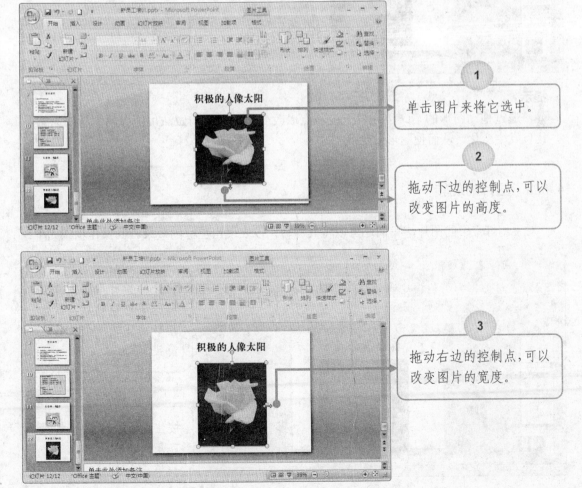

1

单击图片来将它选中。

2

拖动下边的控制点，可以改变图片的高度。

3

拖动右边的控制点，可以改变图片的宽度。

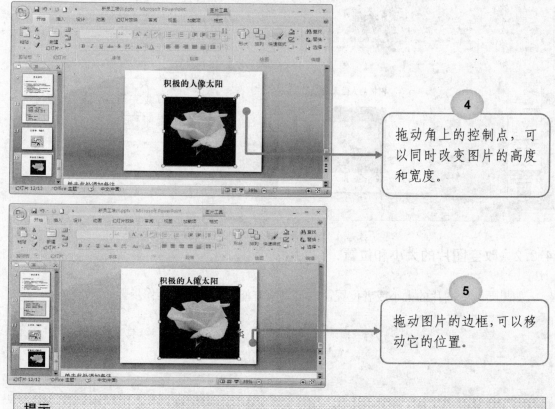

4

拖动角上的控制点，可以同时改变图片的高度和宽度。

5

拖动图片的边框,可以移动它的位置。

提示

　　通过拖动图形的某一边或角上控制点以改变图形尺寸的做法可能会使图形的原始比例发生变化，从而使图形发生变形。

4.3.3　图片的旋转

　　对于幻灯片中的图片，我们还可以将其旋转，以表现出更好的效果。其操作步骤如下：

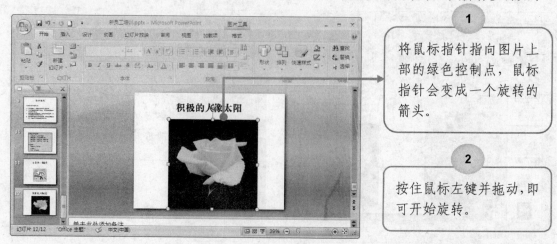

1

将鼠标指针指向图片上部的绿色控制点，鼠标指针会变成一个旋转的箭头。

2

按住鼠标左键并拖动，即可开始旋转。

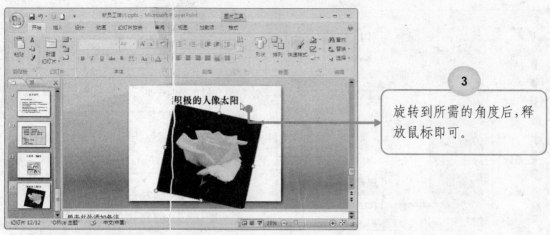

3

旋转到所需的角度后,释放鼠标即可。

此外,还可以通过如下方法旋转图片:

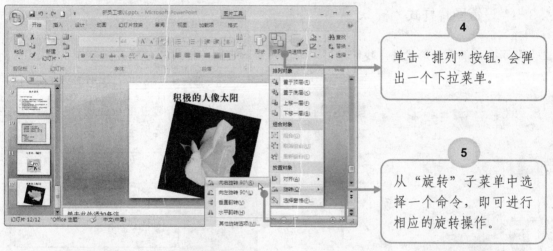

4

单击"排列"按钮,会弹出一个下拉菜单。

5

从"旋转"子菜单中选择一个命令,即可进行相应的旋转操作。

4.3.4 图片的亮度、对比度调整

通过改变幻灯片中图片的亮度和对比度,可以使其更加突出、醒目。其操作步骤如下:

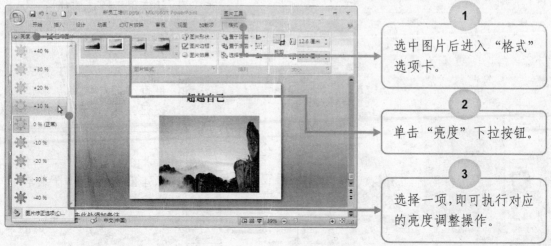

1

选中图片后进入"格式"选项卡。

2

单击"亮度"下拉按钮。

3

选择一项,即可执行对应的亮度调整操作。

4
单击"对比度"下拉按钮。

5
选择一项，即可执行对应的对比度调整操作。

4.3.5 设置图片样式

除了图片的原始形状外，我们还可以为图片设置丰富的样式和效果。其操作步骤如下：

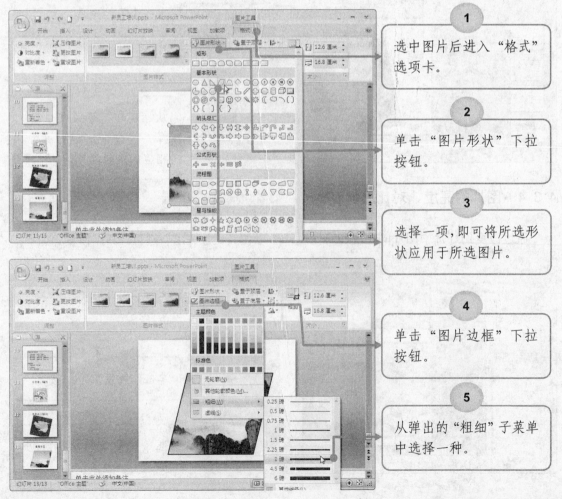

1
选中图片后进入"格式"选项卡。

2
单击"图片形状"下拉按钮。

3
选择一项，即可将所选形状应用于所选图片。

4
单击"图片边框"下拉按钮。

5
从弹出的"粗细"子菜单中选择一种。

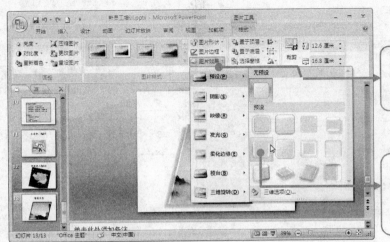

6 单击"图片效果"下拉按钮。

7 从弹出的子菜单中选择一项，即可应用对应的效果。

8 单击空白位置取消选定后，即可看到效果。

也可以通过下面的方式来快速设置图片的样式：

11 单击此按钮，将弹出一个样式面板。

10 选中图片。

9 切换到另一张幻灯片。

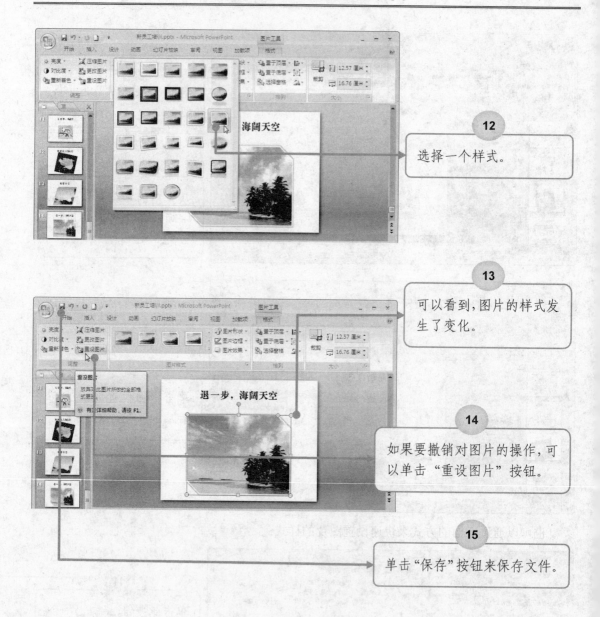

4.4 制作相册集

在 PowerPoint 中，利用相册功能可以非常方便地将一组图片添加到幻灯片中。

4.4.1 创建相册

我们可以方便地利用 PowerPoint 的相册功能制作相册集，其操作步骤如下：

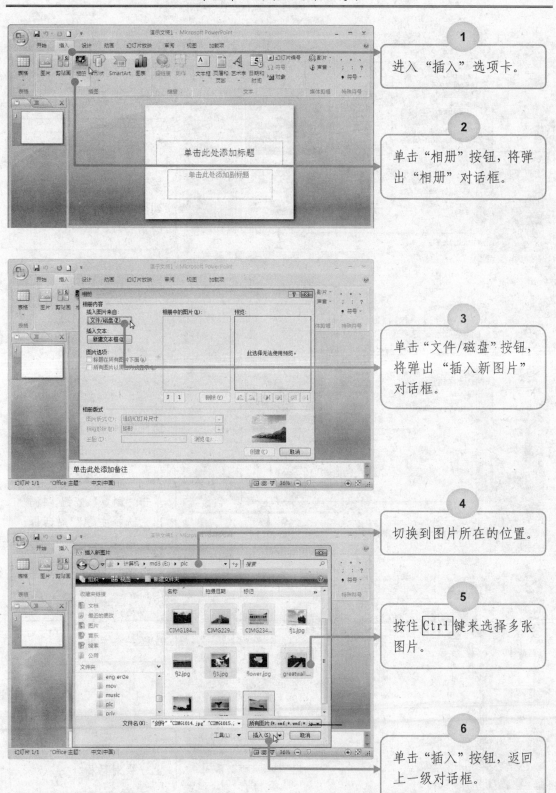

1　进入"插入"选项卡。

2　单击"相册"按钮，将弹出"相册"对话框。

3　单击"文件/磁盘"按钮，将弹出"插入新图片"对话框。

4　切换到图片所在的位置。

5　按住 Ctrl 键来选择多张图片。

6　单击"插入"按钮，返回上一级对话框。

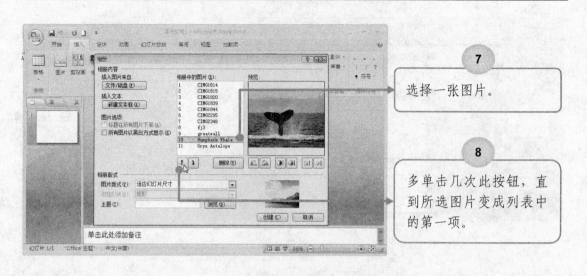

7 选择一张图片。

8 多单击几次此按钮，直到所选图片变成列表中的第一项。

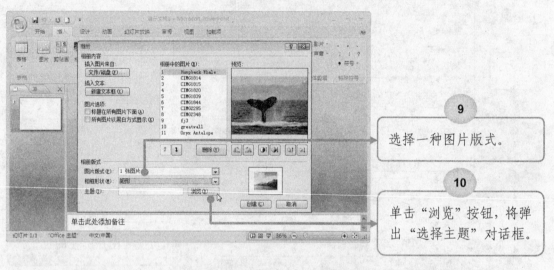

9 选择一种图片版式。

10 单击"浏览"按钮，将弹出"选择主题"对话框。

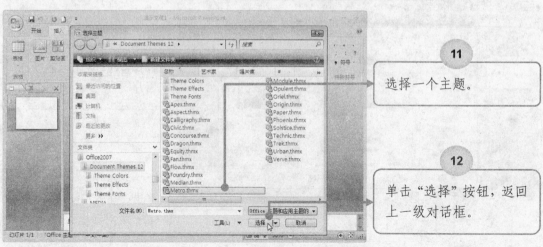

11 选择一个主题。

12 单击"选择"按钮，返回上一级对话框。

13 单击"创建"按钮，即完成相册的创建工作。

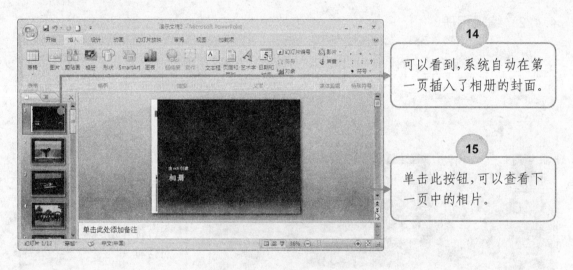

14 可以看到，系统自动在第一页插入了相册的封面。

15 单击此按钮，可以查看下一页中的相片。

16 单击"保存"按钮，将弹出"另存为"对话框。

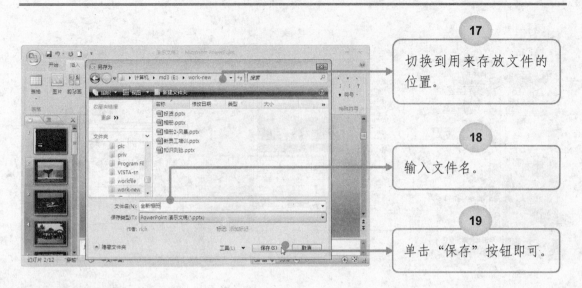

17 切换到用来存放文件的位置。

18 输入文件名。

19 单击"保存"按钮即可。

4.4.2 编辑相册

在建立完相册之后，我们还可以对其进行编辑，其操作步骤如下：

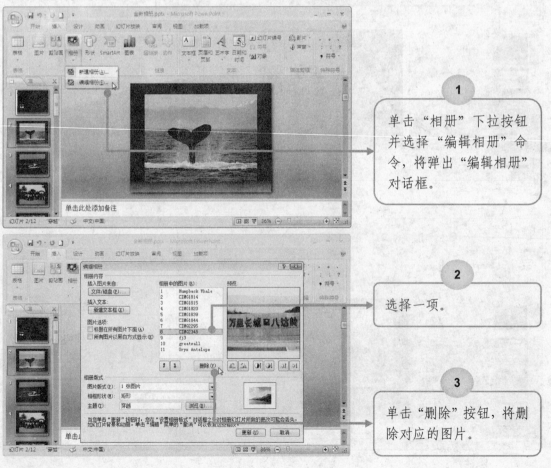

1 单击"相册"下拉按钮并选择"编辑相册"命令，将弹出"编辑相册"对话框。

2 选择一项。

3 单击"删除"按钮，将删除对应的图片。

4 通过这几个按钮，可以翻转相片，或者改变相片的对比度和亮度。

5 重新选择一种相框形状。

6 单击"更新"按钮，将对相册进行更新操作。

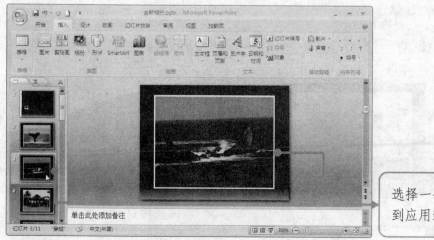

7 选择一个幻灯片，即可看到应用新相框后的效果。

8 单击 "Office" 按钮。

9 从 "另存为" 子菜单中选择此命令，将弹出 "另存为" 对话框。

10 切换到用来存放文件的位置。

11 输入文件名。

12 单击 "保存" 按钮即可。

4.5 使用艺术字

使用艺术字，可以使文字信息显得比较生动活泼。其操作步骤如下：

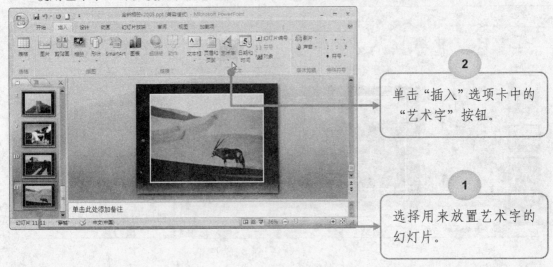

2 单击 "插入" 选项卡中的 "艺术字" 按钮。

1 选择用来放置艺术字的幻灯片。

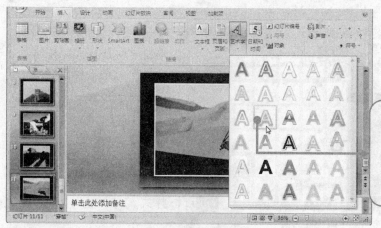

3

从弹出的下拉面板中选择一种艺术字效果，将插入默认的艺术字，并自动进入"格式"选项卡。

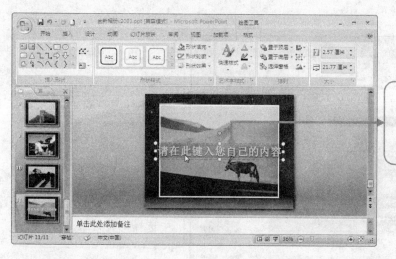

4

选定其中的内容，再输入自己所需的文本，将直接覆盖原来的内容。

5

拖动边框,可以移动它的位置。

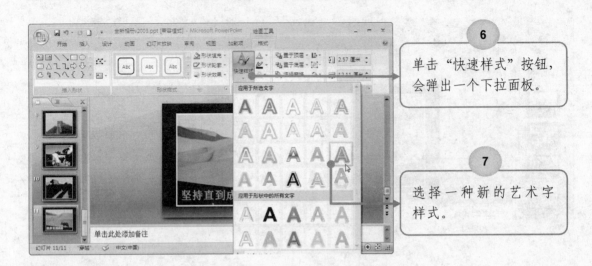

6 单击"快速样式"按钮，会弹出一个下拉面板。

7 选择一种新的艺术字样式。

8 单击"文本效果"下拉按钮。

9 从弹出的"转换"子菜单中选择一种效果。

10 单击空白位置取消选定后，即可看到最后的效果。

第5章 在幻灯片上绘制图形

在利用幻灯片进行交流时，图形可以起到一目了然的作用。利用 Office 软件提供的绘图功能，我们可以在幻灯片上绘制各种线条、连接符、几何图形、星形以及箭头等较复杂的图形，还可以对所绘的图形进行编辑。通过在幻灯片中使用图形，能更好地实现其效果。

5.1 绘制基本图形

本节将介绍几种基本图形的绘制方法。

5.1.1 绘制线条

在幻灯片中绘制线条，其操作步骤如下：

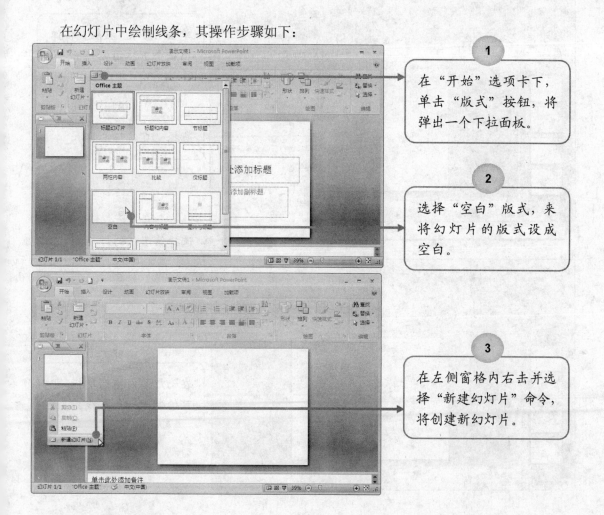

1 在"开始"选项卡下，单击"版式"按钮，将弹出一个下拉面板。

2 选择"空白"版式，来将幻灯片的版式设成空白。

3 在左侧窗格内右击并选择"新建幻灯片"命令，将创建新幻灯片。

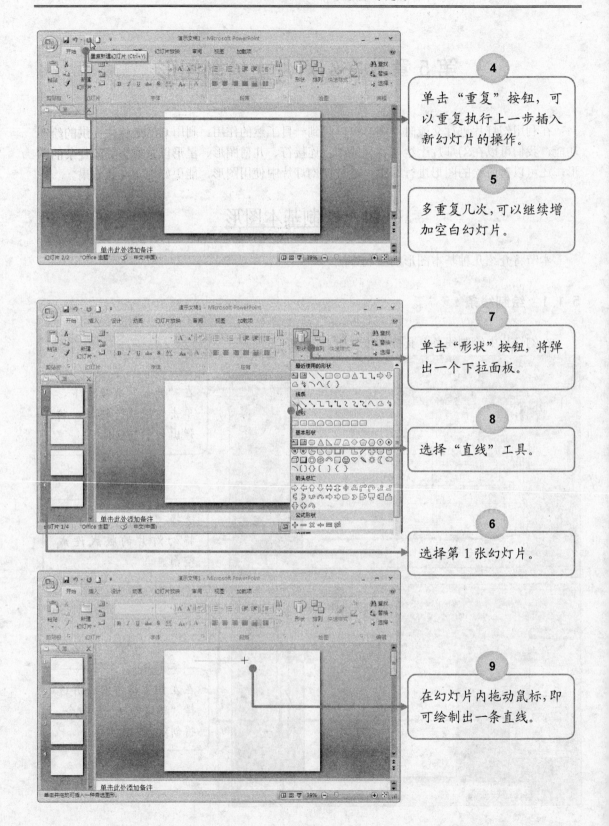

4 单击"重复"按钮，可以重复执行上一步插入新幻灯片的操作。

5 多重复几次，可以继续增加空白幻灯片。

7 单击"形状"按钮，将弹出一个下拉面板。

8 选择"直线"工具。

6 选择第 1 张幻灯片。

9 在幻灯片内拖动鼠标，即可绘制出一条直线。

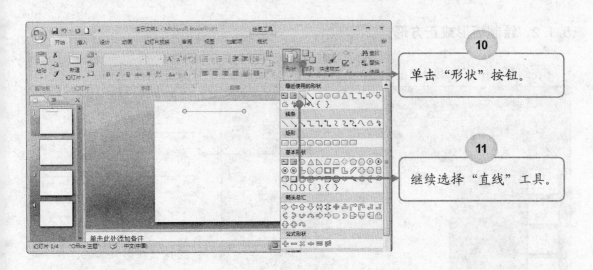

10 单击"形状"按钮。

11 继续选择"直线"工具。

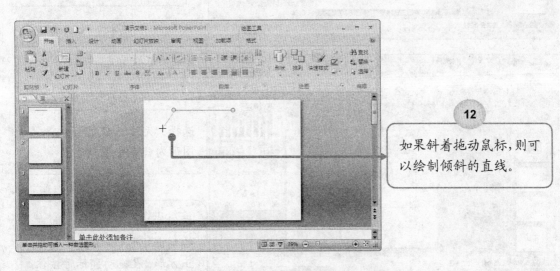

12 如果斜着拖动鼠标,则可以绘制倾斜的直线。

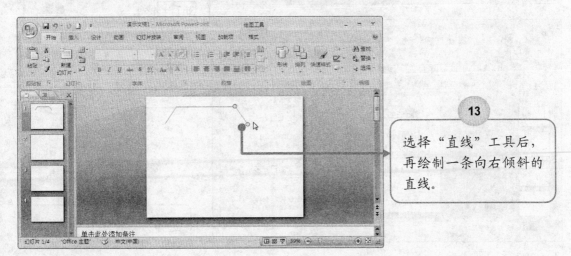

13 选择"直线"工具后,再绘制一条向右倾斜的直线。

5.1.2 绘制矩形或正方形

在幻灯片中绘制矩形或正方形，其操作步骤如下：

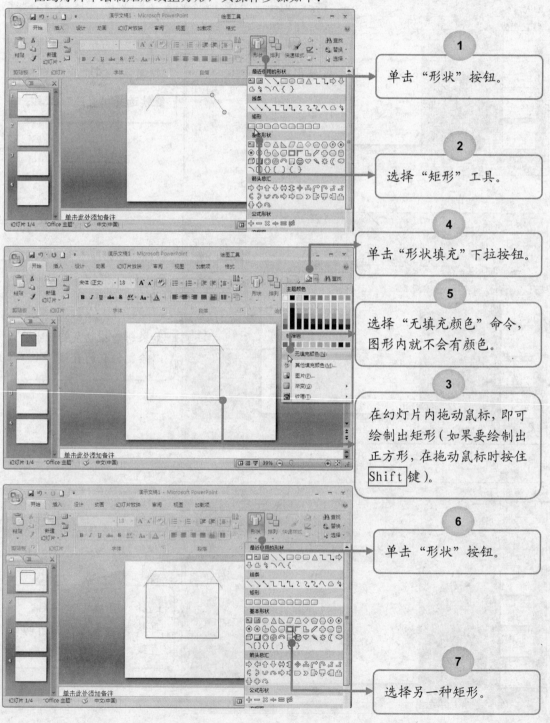

1 单击"形状"按钮。

2 选择"矩形"工具。

4 单击"形状填充"下拉按钮。

5 选择"无填充颜色"命令，图形内就不会有颜色。

3 在幻灯片内拖动鼠标，即可绘制出矩形（如果要绘制出正方形，在拖动鼠标时按住 Shift 键）。

6 单击"形状"按钮。

7 选择另一种矩形。

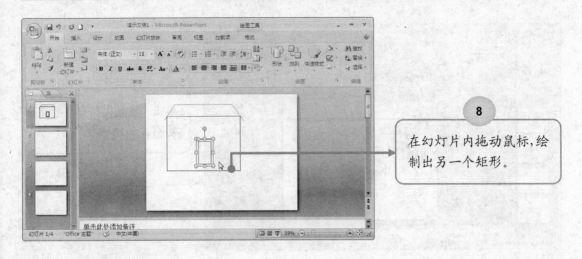

8 在幻灯片内拖动鼠标,绘制出另一个矩形。

5.1.3 绘制椭圆或圆形

在幻灯片中绘制椭圆或圆形,其操作步骤如下:

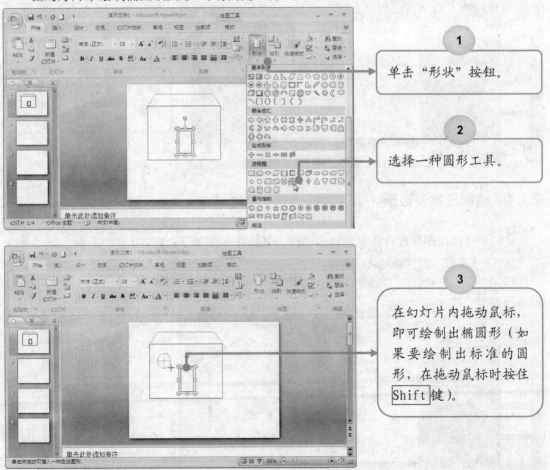

1 单击 "形状" 按钮。

2 选择一种圆形工具。

3 在幻灯片内拖动鼠标,即可绘制出椭圆形(如果要绘制出标准的圆形,在拖动鼠标时按住 Shift 键)。

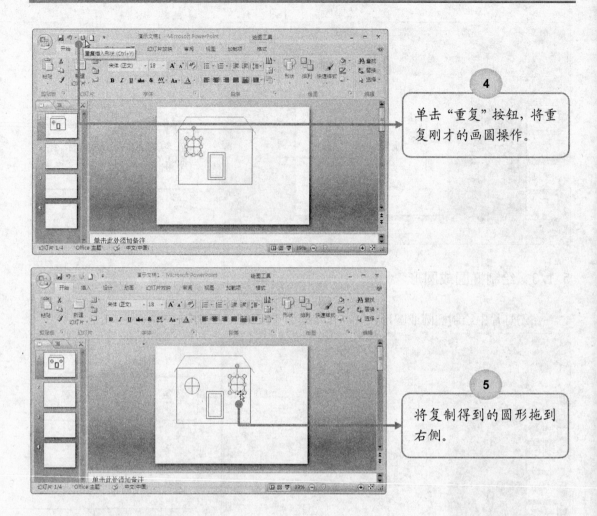

5.1.4 绘制任意多边形

我们还可以在幻灯片种绘制任意多边性。其操作步骤如下：

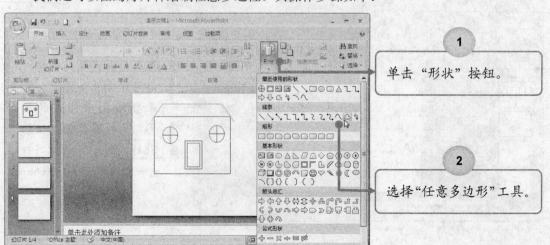

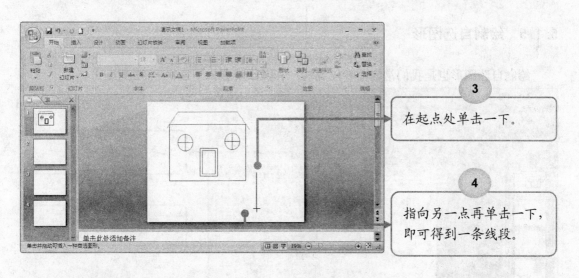

3 在起点处单击一下。

4 指向另一点再单击一下，即可得到一条线段。

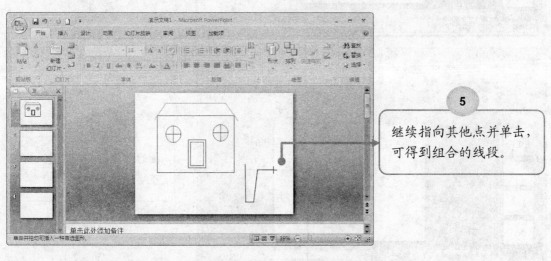

5 继续指向其他点并单击，可得到组合的线段。

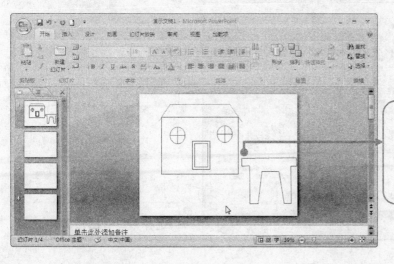

6 继续指向其他点并单击从而继续绘制图形，直到得到所需的图形为止。

5.1.5 绘制自选图形

绘制自选图形也是我们常常需要用到的。其操作步骤如下：

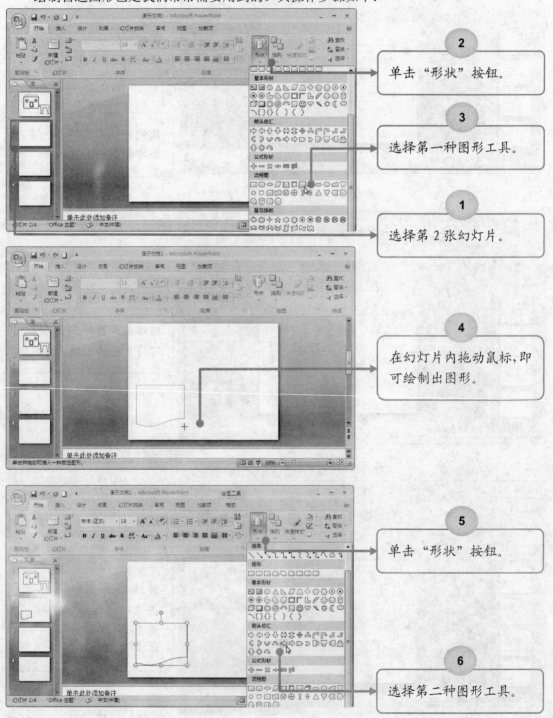

2 单击"形状"按钮。

3 选择第一种图形工具。

1 选择第 2 张幻灯片。

4 在幻灯片内拖动鼠标，即可绘制出图形。

5 单击"形状"按钮。

6 选择第二种图形工具。

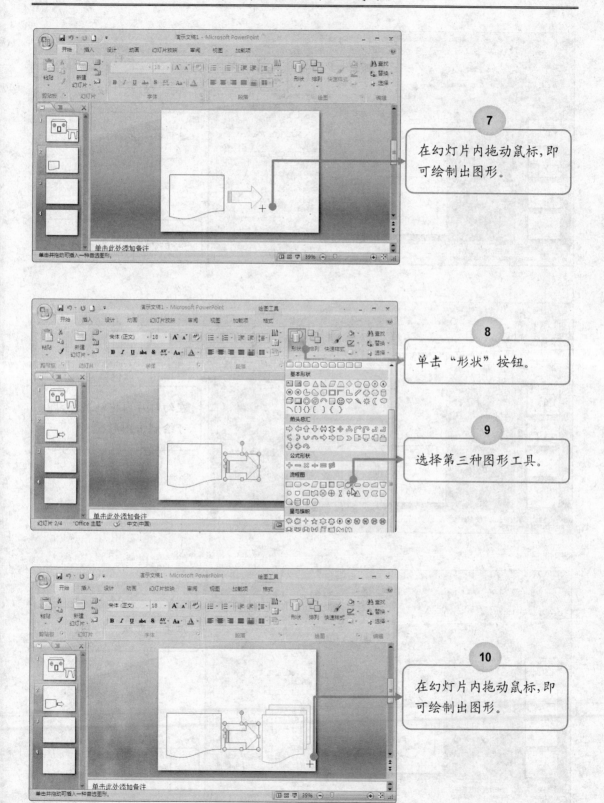

7 在幻灯片内拖动鼠标,即可绘制出图形。

8 单击"形状"按钮。

9 选择第三种图形工具。

10 在幻灯片内拖动鼠标,即可绘制出图形。

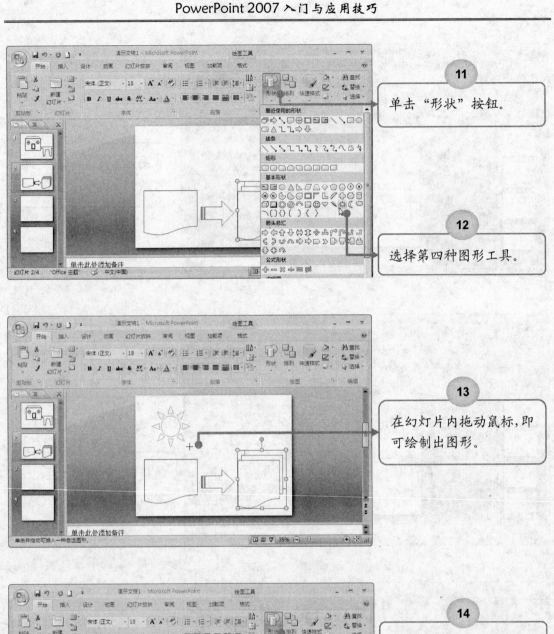

11 单击"形状"按钮。

12 选择第四种图形工具。

13 在幻灯片内拖动鼠标,即可绘制出图形。

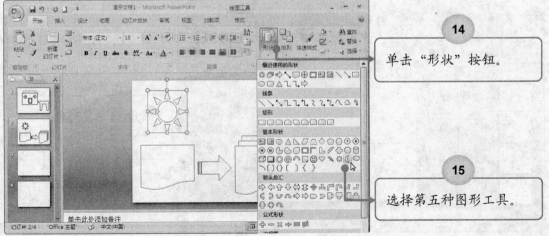

14 单击"形状"按钮。

15 选择第五种图形工具。

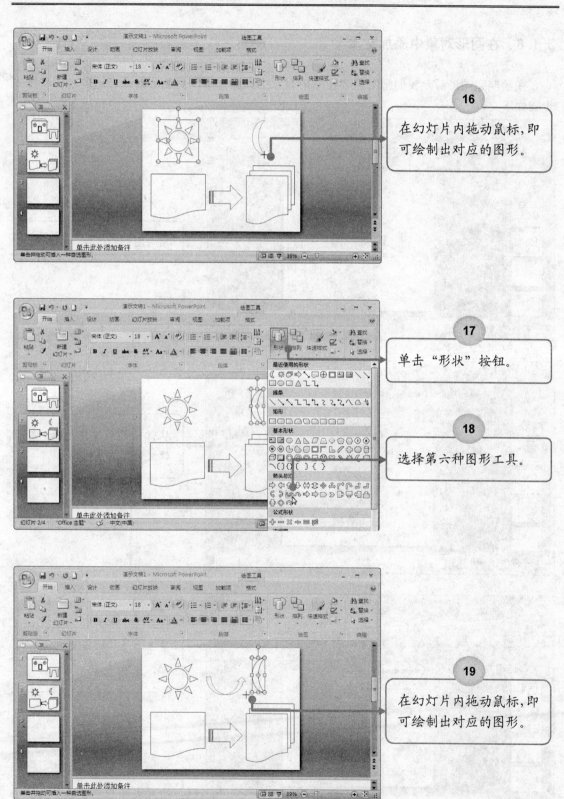

16 在幻灯片内拖动鼠标,即可绘制出对应的图形。

17 单击"形状"按钮。

18 选择第六种图形工具。

19 在幻灯片内拖动鼠标,即可绘制出对应的图形。

5.1.6 在图形对象中添加文本

在绘制完图形后，我们常常需要在图形对象中添加文本以更加清晰地表达内容。其操作步骤如下：

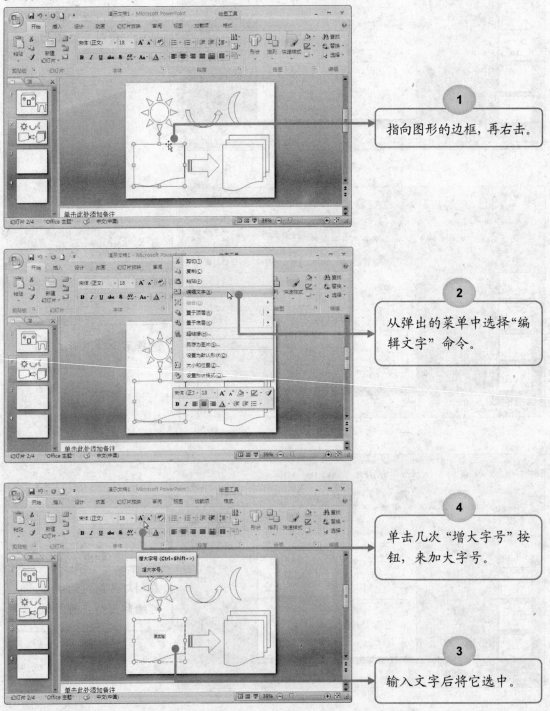

1 指向图形的边框，再右击。

2 从弹出的菜单中选择"编辑文字"命令。

4 单击几次"增大字号"按钮，来加大字号。

3 输入文字后将它选中。

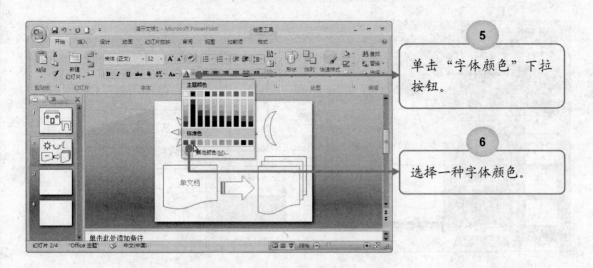

5

单击"字体颜色"下拉按钮。

6

选择一种字体颜色。

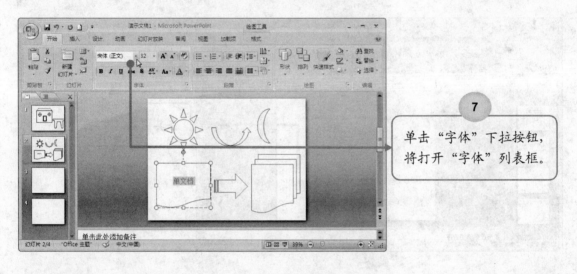

7

单击"字体"下拉按钮，将打开"字体"列表框。

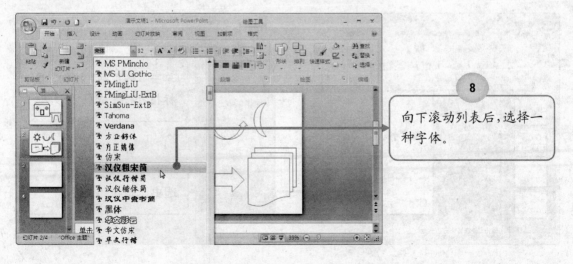

8

向下滚动列表后，选择一种字体。

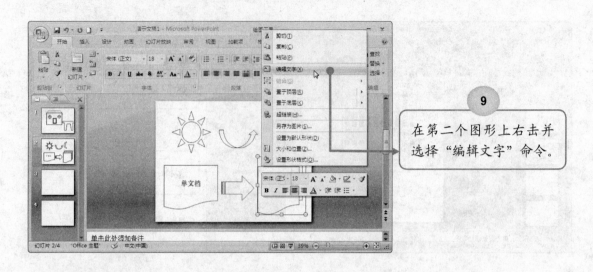

9 在第二个图形上右击并选择"编辑文字"命令。

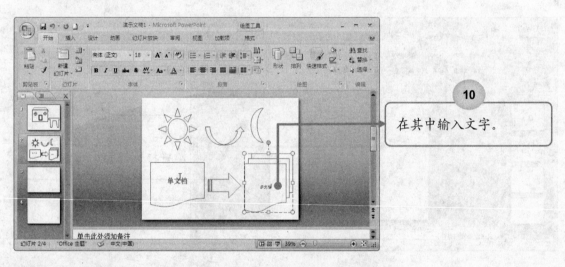

10 在其中输入文字。

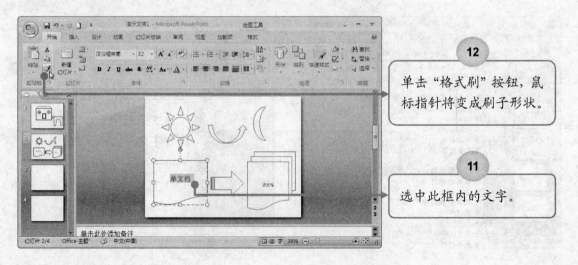

12 单击"格式刷"按钮，鼠标指针将变成刷子形状。

11 选中此框内的文字。

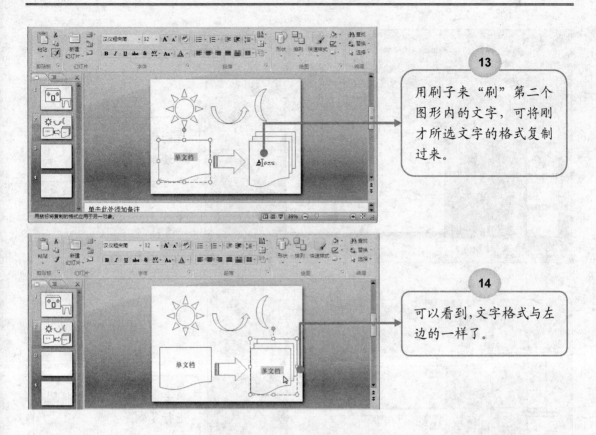

13 用刷子来"刷"第二个图形内的文字，可将刚才所选文字的格式复制过来。

14 可以看到，文字格式与左边的一样了。

5.2　编辑图形对象

在绘制完图形对象之后，我们需要对其进行编辑。本节将介绍常用的图形对象的编辑操作。

5.2.1　复制图形对象

首先，来介绍图形对象的复制。其操作步骤如下：

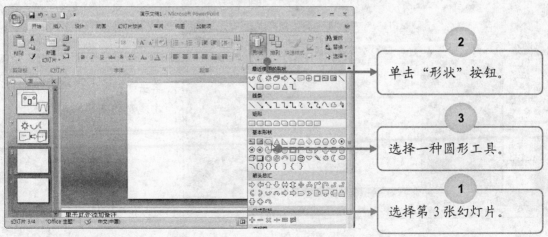

2 单击"形状"按钮。

3 选择一种圆形工具。

1 选择第 3 张幻灯片。

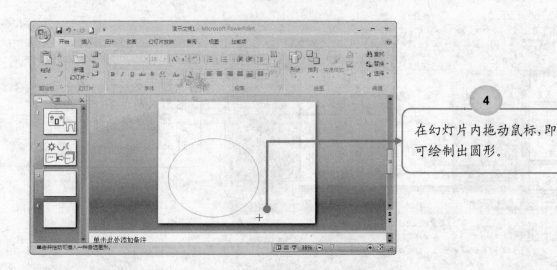

4 在幻灯片内拖动鼠标，即可绘制出圆形。

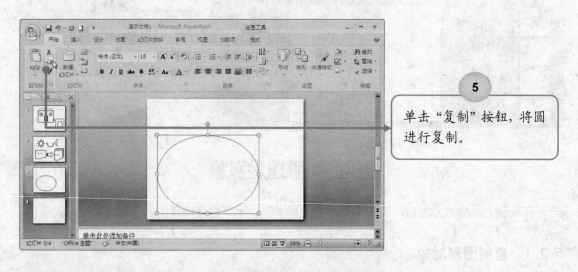

5 单击"复制"按钮，将圆进行复制。

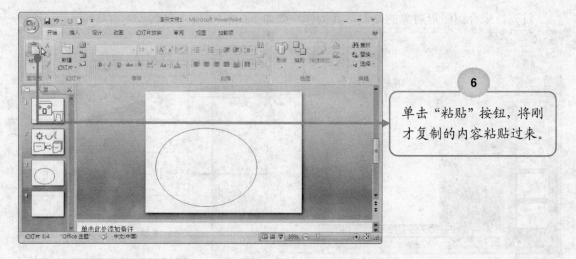

6 单击"粘贴"按钮，将刚才复制的内容粘贴过来。

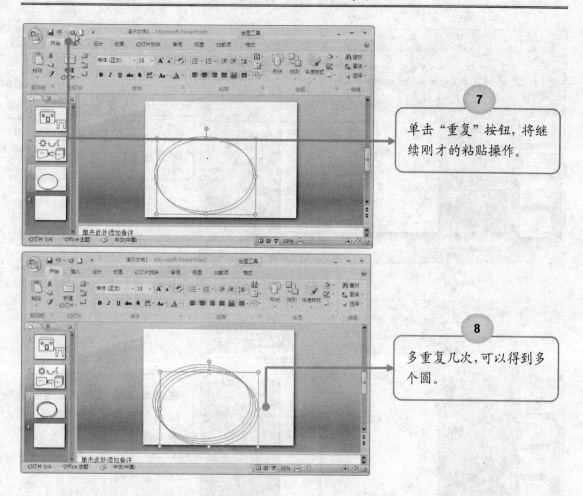

7

单击"重复"按钮,将继续刚才的粘贴操作。

8

多重复几次,可以得到多个圆。

5.2.2　改变图形对象的大小

我们还可以改变图形对象的大小。其操作步骤如下:

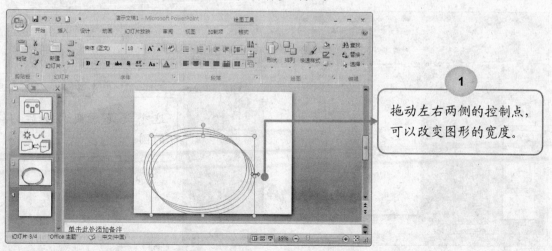

1

拖动左右两侧的控制点,可以改变图形的宽度。

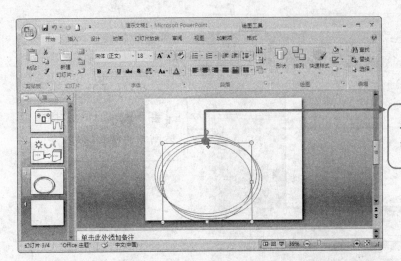

2

拖动上下两边的控制点，
可以改变图形的高度。

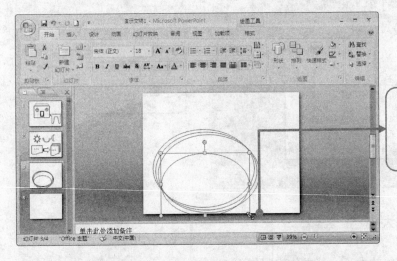

3

拖动角上的控制点，可
以同时改变图形的宽度
和高度。

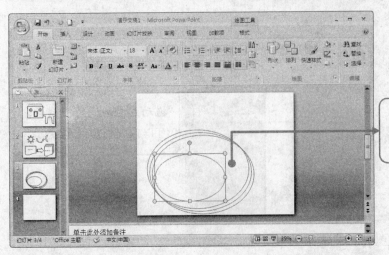

4

这个就是改变大小后
的圆。

5.2.3　移动图形对象

移动图形对象也是编辑图形对象的一种基本操作。其操作步骤如下：

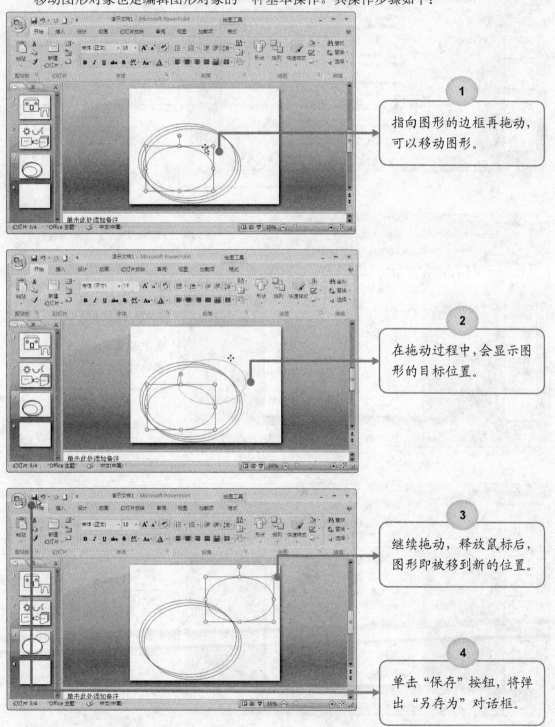

1 指向图形的边框再拖动，可以移动图形。

2 在拖动过程中，会显示图形的目标位置。

3 继续拖动，释放鼠标后，图形即被移到新的位置。

4 单击"保存"按钮，将弹出"另存为"对话框。

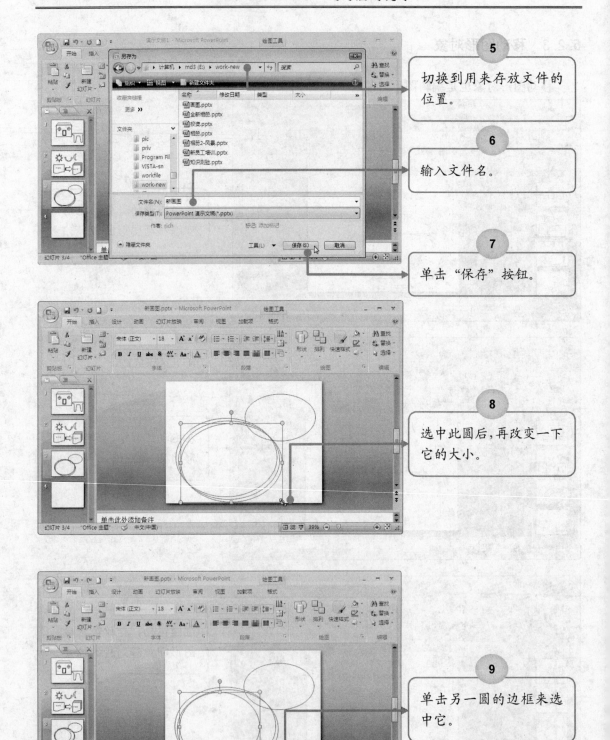

5 切换到用来存放文件的位置。

6 输入文件名。

7 单击"保存"按钮。

8 选中此圆后,再改变一下它的大小。

9 单击另一圆的边框来选中它。

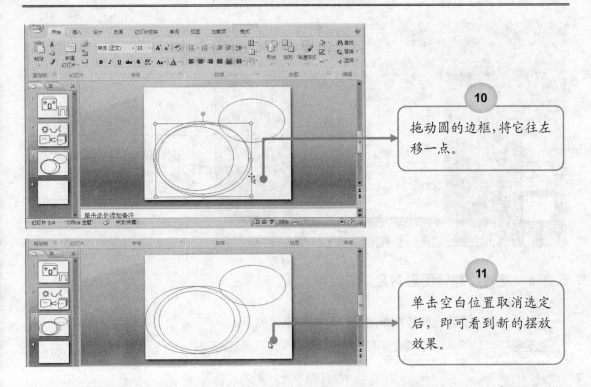

10 拖动圆的边框,将它往左移一点。

11 单击空白位置取消选定后,即可看到新的摆放效果。

5.2.4　删除图形对象

其操作步骤如下:
（1）选定要删除的图形对象。
（2）按<Delete>键或单击"剪切"按钮。

5.2.5　改变自选图形的形状

如果已有的图形对象不能很好地满足我们的要求,我们还需要改变其形状。其操作步骤如下:

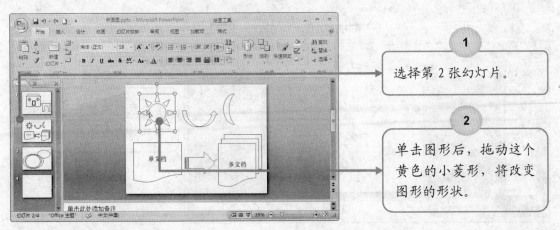

1 选择第 2 张幻灯片。

2 单击图形后,拖动这个黄色的小菱形,将改变图形的形状。

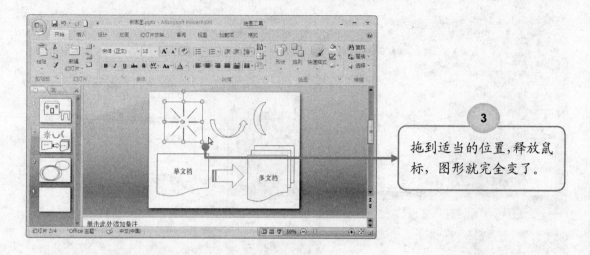

拖到适当的位置,释放鼠标,图形就完全变了。

5.2.6　旋转或翻转图形对象

我们也可以旋转或翻转图形对象。其操作步骤如下:

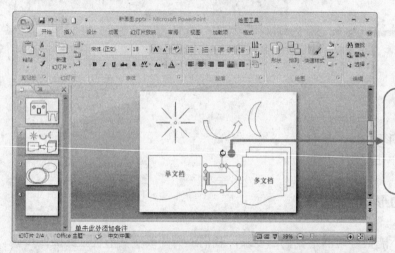

单击来选中图形后,将鼠标指针指向上方的绿色控制点,鼠标指针将变成一个旋转的箭头。

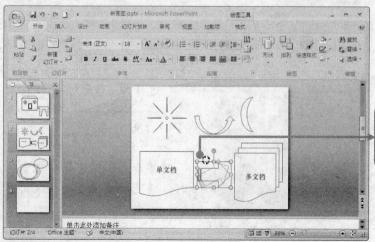

单击鼠标左键并拖动,即可旋转图形。

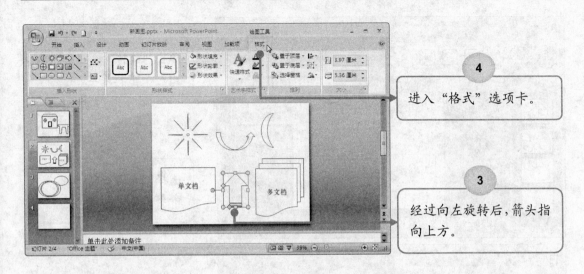

4 进入"格式"选项卡。

3 经过向左旋转后,箭头指向上方。

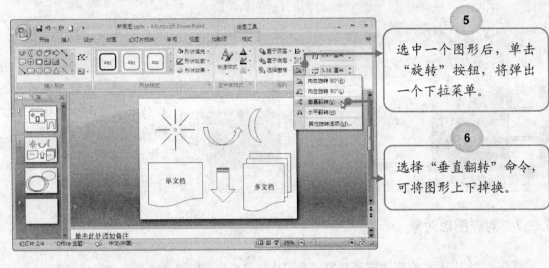

5 选中一个图形后,单击"旋转"按钮,将弹出一个下拉菜单。

6 选择"垂直翻转"命令,可将图形上下掉换。

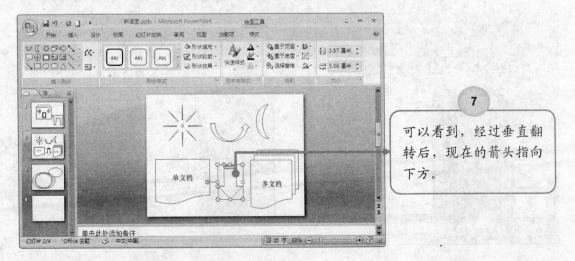

7 可以看到,经过垂直翻转后,现在的箭头指向下方。

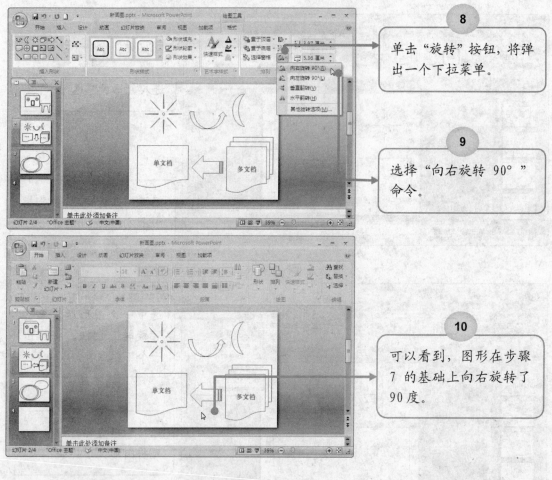

8　单击"旋转"按钮，将弹出一个下拉菜单。

9　选择"向右旋转 90°"命令。

10　可以看到，图形在步骤 7 的基础上向右旋转了 90 度。

5.2.7　对齐图形对象

如果一张幻灯片中有多个图形对象，我们往往需要将它们对齐。其操作步骤如下：

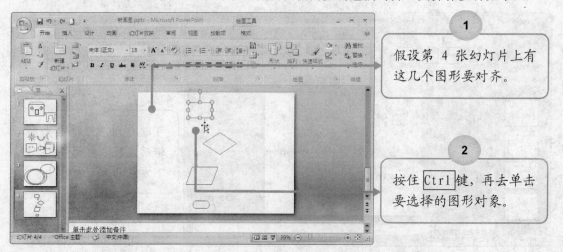

1　假设第 4 张幻灯片上有这几个图形要对齐。

2　按住 Ctrl 键，再去单击要选择的图形对象。

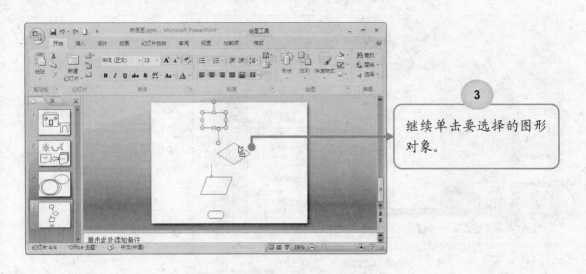

3 继续单击要选择的图形对象。

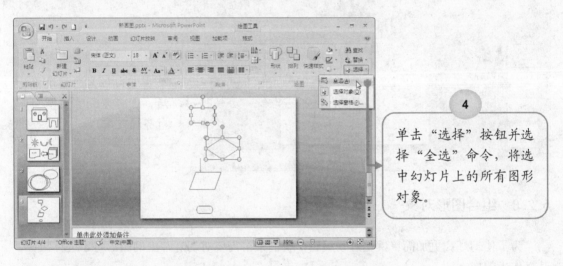

4 单击"选择"按钮并选择"全选"命令，将选中幻灯片上的所有图形对象。

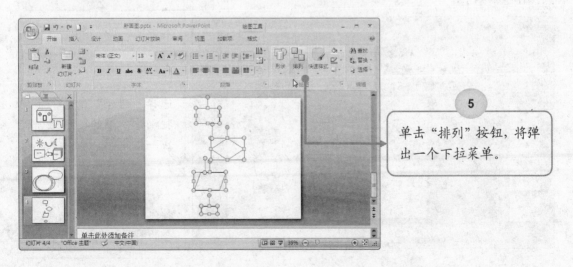

5 单击"排列"按钮，将弹出一个下拉菜单。

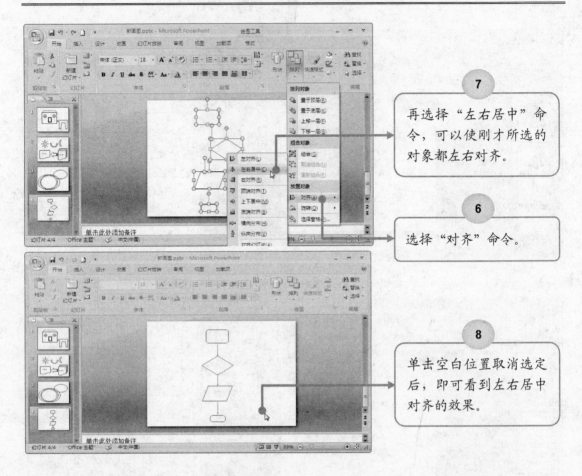

7 再选择"左右居中"命令，可以使刚才所选的对象都左右对齐。

6 选择"对齐"命令。

8 单击空白位置取消选定后，即可看到左右居中对齐的效果。

5.2.8　组合图形对象

为了使幻灯片更加简单，更容易编辑，我们常常需要对幻灯片上的图形对象进行组合。其操作步骤如下：

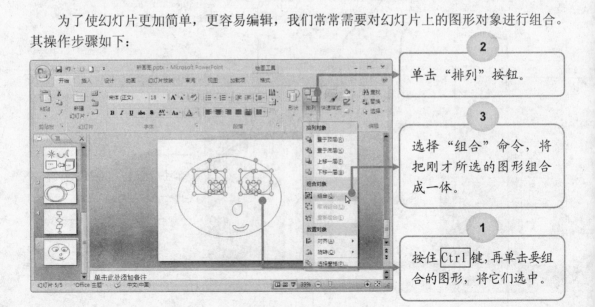

2 单击"排列"按钮。

3 选择"组合"命令，将把刚才所选的图形组合成一体。

1 按住 Ctrl 键，再单击要组合的图形，将它们选中。

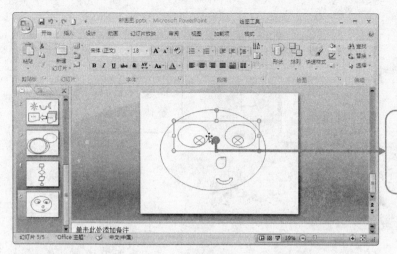

4

图形被组合后，它们将被当作一个对象来进行操作。

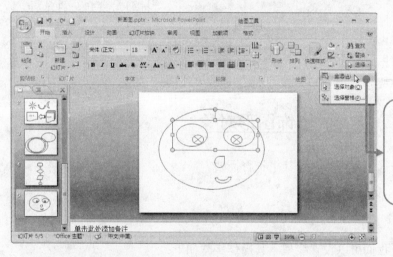

5

单击"选择"按钮并选择"全选"命令，将选中幻灯片上的所有图形对象。

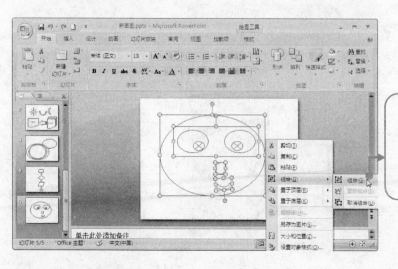

6

在一个图形上右击，再选择"组合"→"组合"命令，将组合此幻灯片上的所有对象。

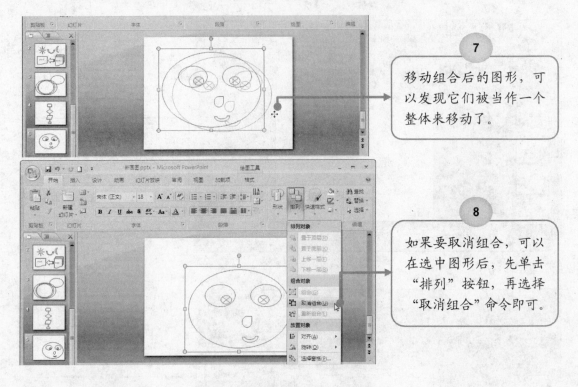

5.3 修饰图形对象

我们可以对图形对象进行一些修饰，使其更符合需要。

5.3.1 设置线型

对于已有的图形对象，我们可以设置线型。其操作步骤如下：

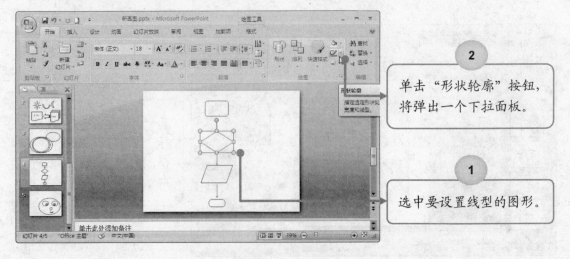

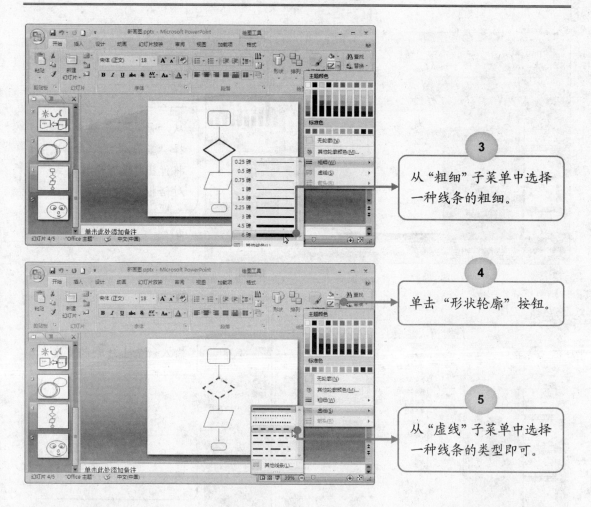

3

从"粗细"子菜单中选择
一种线条的粗细。

4

单击"形状轮廓"按钮。

5

从"虚线"子菜单中选择
一种线条的类型即可。

5.3.2　设置箭头样式

我们还可以设置箭头样式。其操作步骤如下：

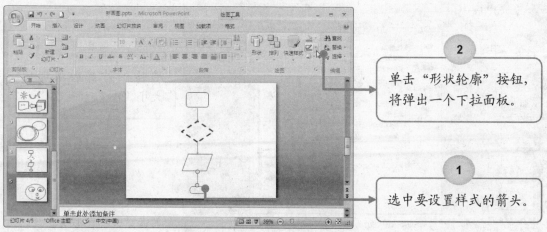

2

单击"形状轮廓"按钮，
将弹出一个下拉面板。

1

选中要设置样式的箭头。

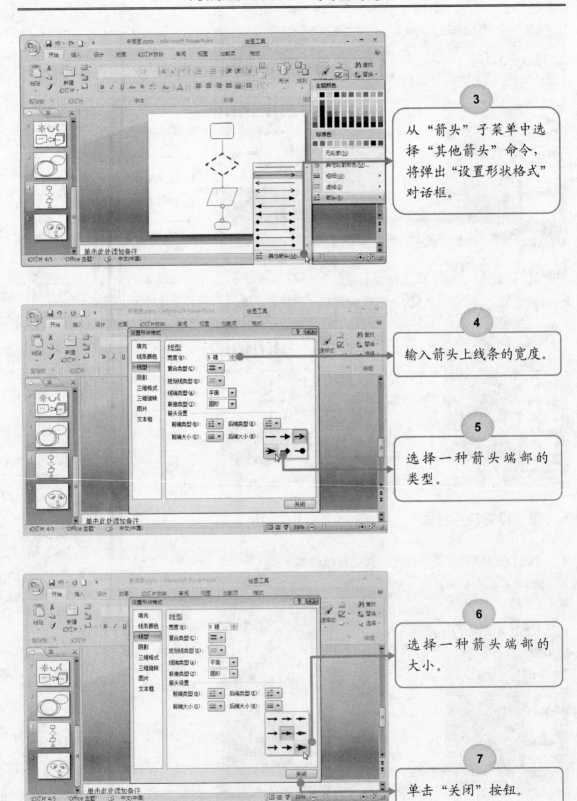

3

从"箭头"子菜单中选择"其他箭头"命令，将弹出"设置形状格式"对话框。

4

输入箭头上线条的宽度。

5

选择一种箭头端部的类型。

6

选择一种箭头端部的大小。

7

单击"关闭"按钮。

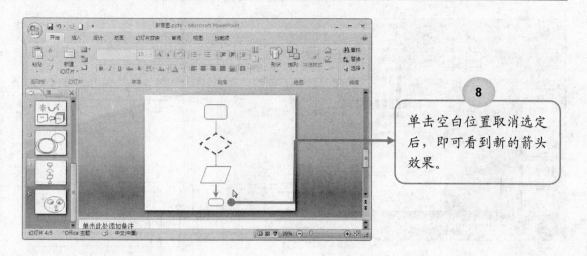

8 单击空白位置取消选定后，即可看到新的箭头效果。

5.3.3　设置线条颜色

除了设置线型，我们还可以设置线条颜色。其操作步骤如下：

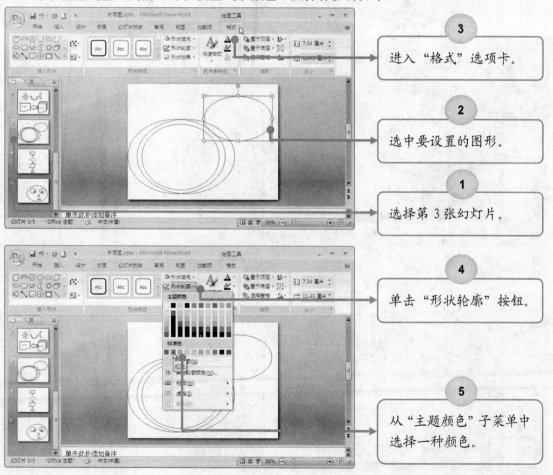

3 进入"格式"选项卡。

2 选中要设置的图形。

1 选择第 3 张幻灯片。

4 单击"形状轮廓"按钮。

5 从"主题颜色"子菜单中选择一种颜色。

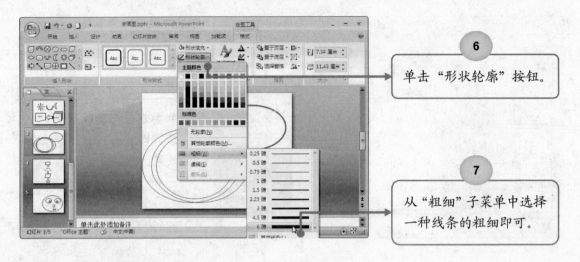

单击"形状轮廓"按钮。

从"粗细"子菜单中选择一种线条的粗细即可。

5.3.4 设置填充颜色

我们还可以对已有图形对象设置填充颜色，使其更加醒目。其操作步骤如下：

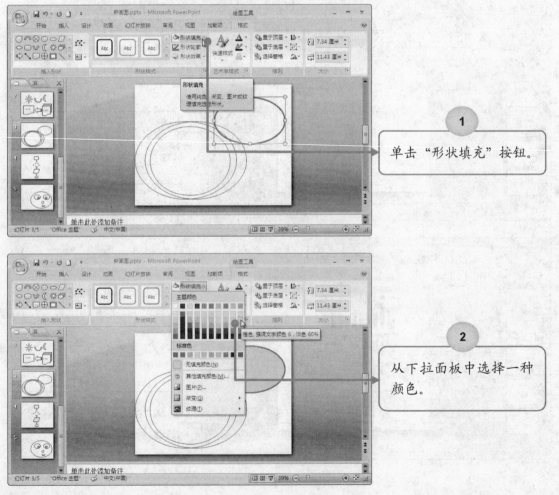

单击"形状填充"按钮。

从下拉面板中选择一种颜色。

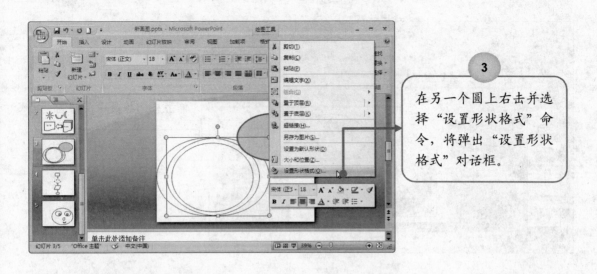

3 在另一个圆上右击并选择"设置形状格式"命令，将弹出"设置形状格式"对话框。

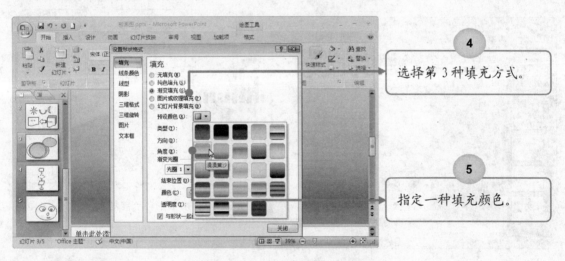

4 选择第 3 种填充方式。

5 指定一种填充颜色。

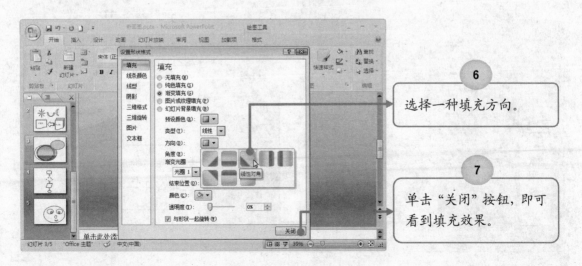

6 选择一种填充方向。

7 单击"关闭"按钮，即可看到填充效果。

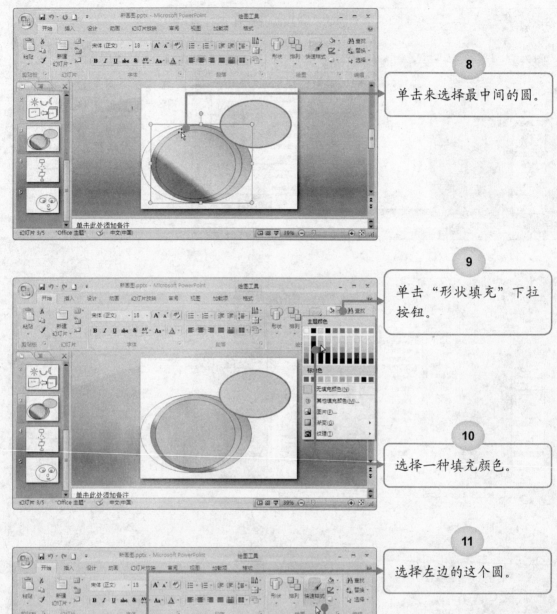

8 单击来选择最中间的圆。

9 单击"形状填充"下拉按钮。

10 选择一种填充颜色。

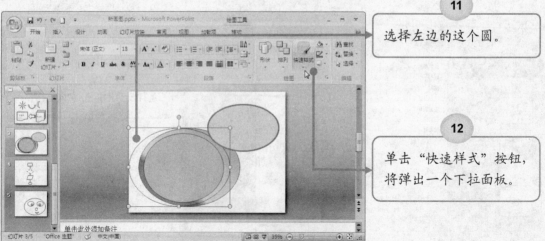

11 选择左边的这个圆。

12 单击"快速样式"按钮，将弹出一个下拉面板。

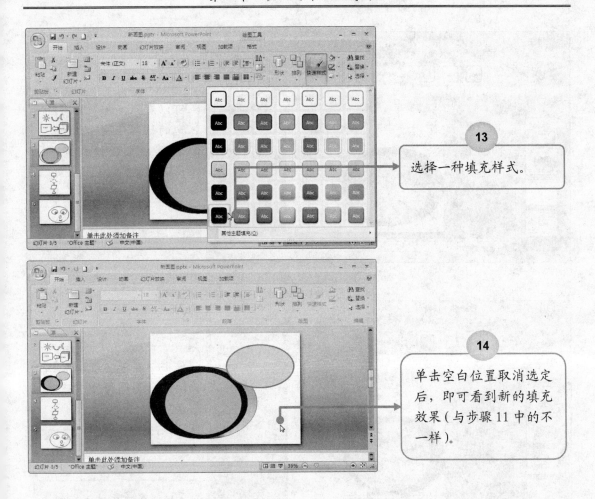

13 选择一种填充样式。

14 单击空白位置取消选定后，即可看到新的填充效果（与步骤 11 中的不一样）。

5.3.5 层叠图形对象

在很多情况下，我们还需要对图形对象进行层叠。不同的层叠方式会体现出不同的效果。其操作步骤如下：

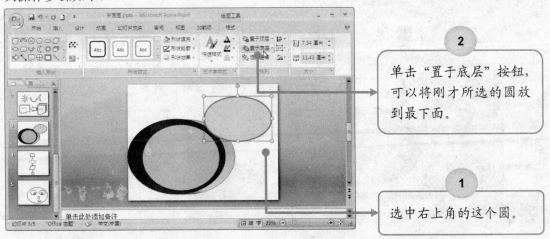

2 单击"置于底层"按钮，可以将刚才所选的圆放到最下面。

1 选中右上角的这个圆。

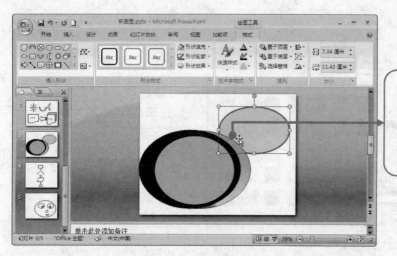

3 可以看到，这个圆的左边的一部分被盖住了，说明它已经被放到下面了。

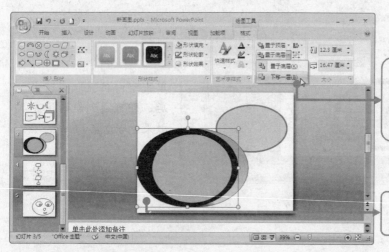

5 单击"置于底层"下拉按钮，再选择"下移一层"命令。

4 选择这个黑色填充的圆。

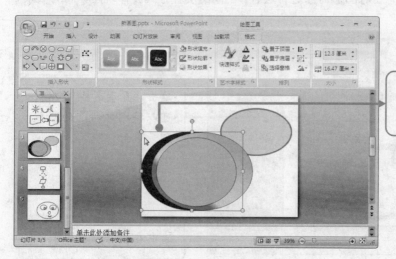

6 与上图相比，现在又是一种新的层叠效果。

5.3.6　设置特殊效果

　　下面，我们来为大家介绍如何对图形对象设置特殊效果。操作步骤如下：

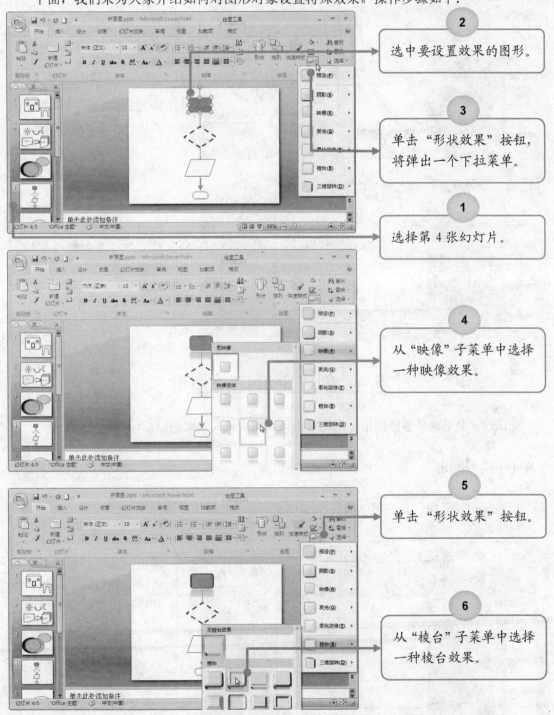

2　选中要设置效果的图形。

3　单击"形状效果"按钮，将弹出一个下拉菜单。

1　选择第 4 张幻灯片。

4　从"映像"子菜单中选择一种映像效果。

5　单击"形状效果"按钮。

6　从"棱台"子菜单中选择一种棱台效果。

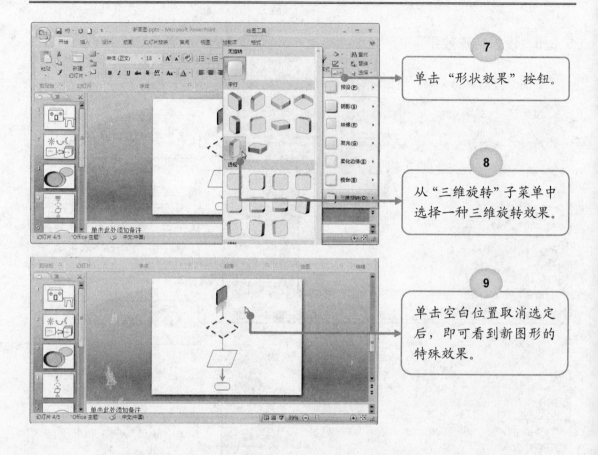

7 单击"形状效果"按钮。

8 从"三维旋转"子菜单中选择一种三维旋转效果。

9 单击空白位置取消选定后，即可看到新图形的特殊效果。

5.4　创建 SmartArt 图形

SmartArt 图形就是智能图形，借助它可以制作出让人惊叹的图形。

5.4.1　插入图形

在 PowerPoint 中，我们可以插入 SmartArt 图形，其操作步骤如下：

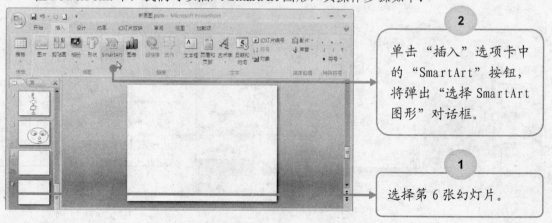

2 单击"插入"选项卡中的"SmartArt"按钮，将弹出"选择 SmartArt 图形"对话框。

1 选择第 6 张幻灯片。

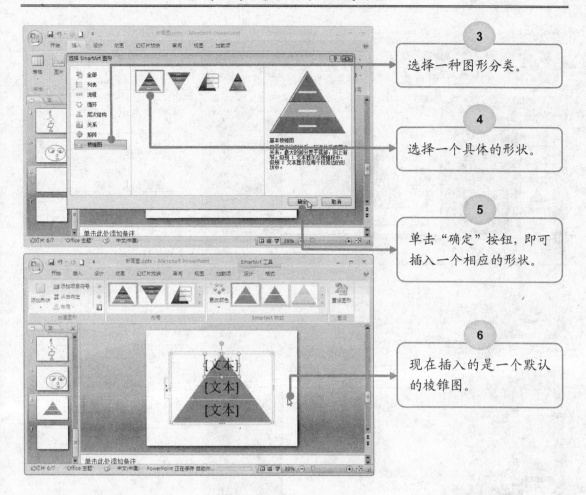

3 选择一种图形分类。

4 选择一个具体的形状。

5 单击"确定"按钮,即可插入一个相应的形状。

6 现在插入的是一个默认的棱锥图。

5.4.2 添加文字

在 SmartArt 上,我们可以添加文字。其操作步骤如下:

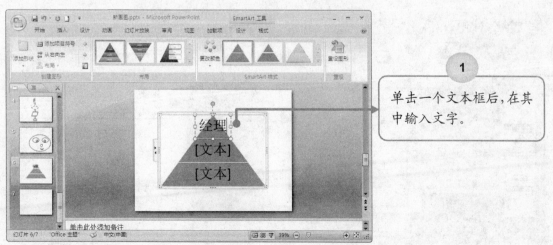

1 单击一个文本框后,在其中输入文字。

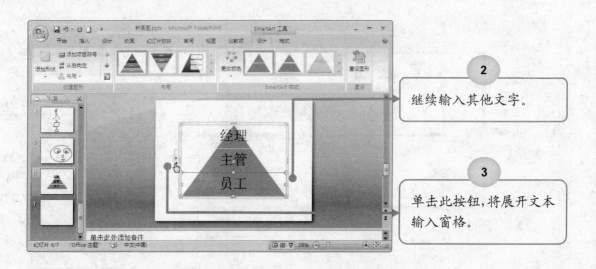

2 继续输入其他文字。

3 单击此按钮,将展开文本输入窗格。

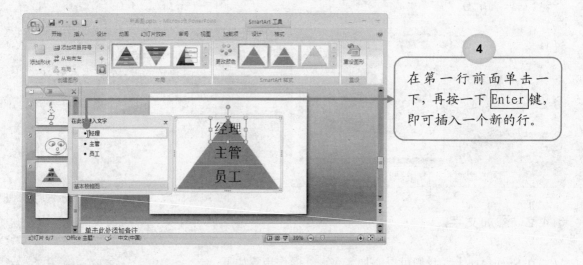

4 在第一行前面单击一下,再按一下 Enter 键,即可插入一个新的行。

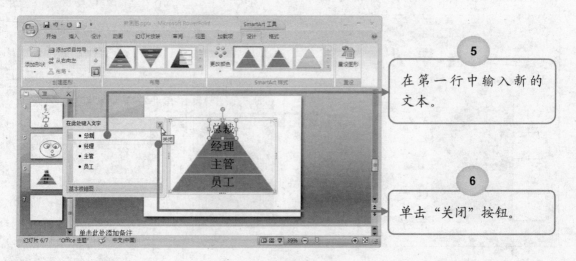

5 在第一行中输入新的文本。

6 单击"关闭"按钮。

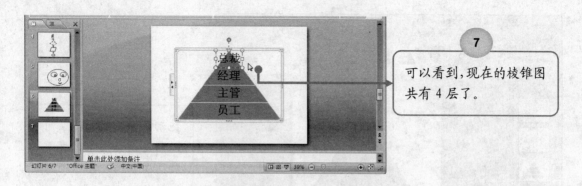

可以看到,现在的棱锥图共有 4 层了。

5.5 编辑和美化 SmartArt 图形

在创建了 SmartArt 图形后,我们可以根据需要编辑和美化 SmartArt 图形。

5.5.1 改变图形的大小和位置

根据需要,我们可以改变 SmartArt 图形的大小和位置。其操作步骤如下:

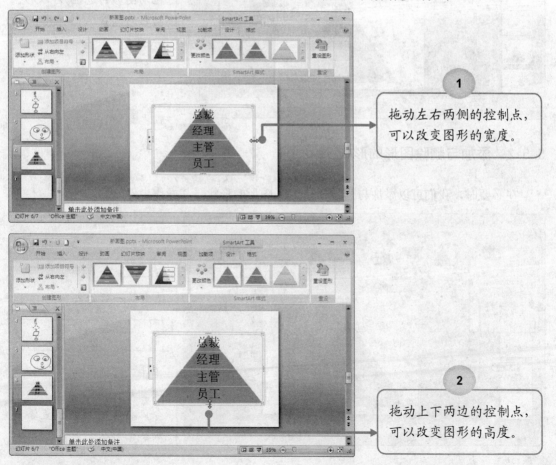

1　拖动左右两侧的控制点,可以改变图形的宽度。

2　拖动上下两边的控制点,可以改变图形的高度。

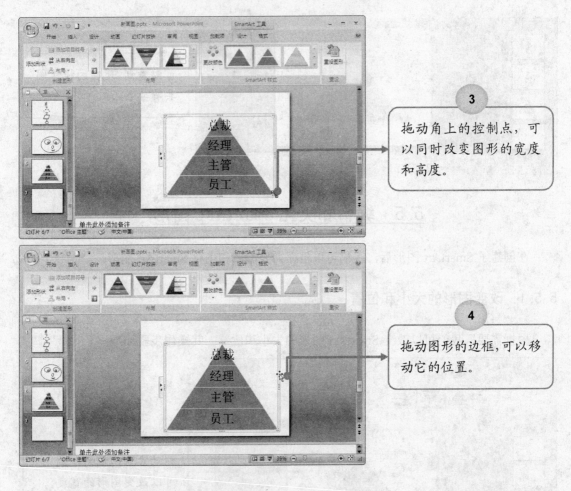

拖动角上的控制点，可以同时改变图形的宽度和高度。

拖动图形的边框,可以移动它的位置。

5.5.2 添加与删除图形的形状

在必要时，我们可以添加与删除 SmartArt 图形的形状。其操作步骤如下：

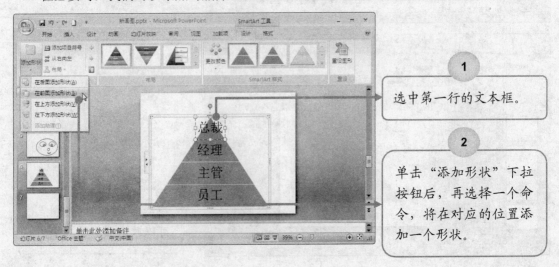

选中第一行的文本框。

单击"添加形状"下拉按钮后，再选择一个命令，将在对应的位置添加一个形状。

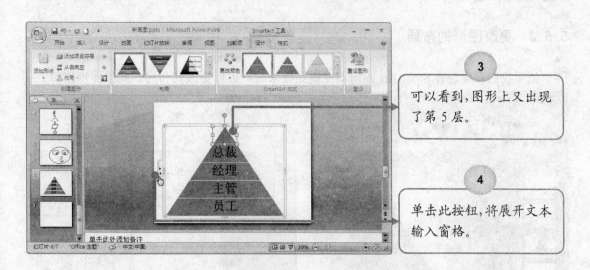

3 可以看到,图形上又出现了第 5 层。

4 单击此按钮,将展开文本输入窗格。

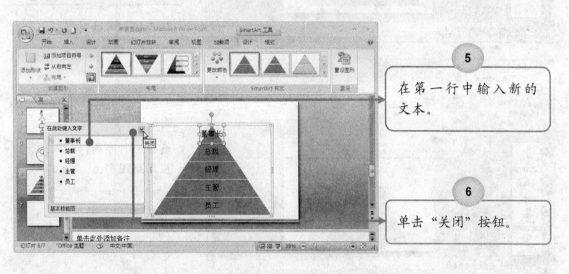

5 在第一行中输入新的文本。

6 单击"关闭"按钮。

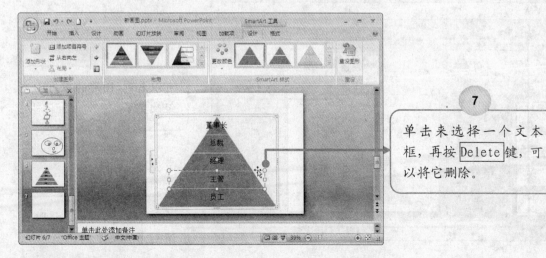

7 单击来选择一个文本框,再按 Delete 键,可以将它删除。

5.5.3 更改图形的布局

如果我们发现现有 SmartArt 图形不能满足要求时，可以更改其布局。其操作步骤如下：

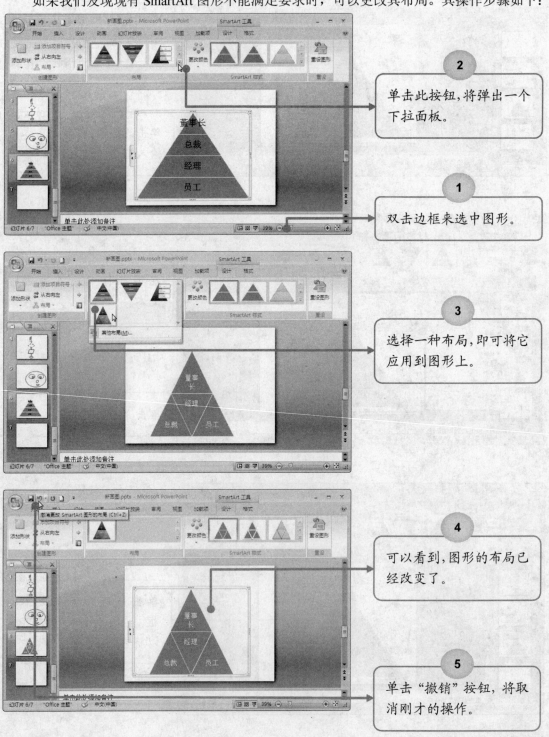

2 单击此按钮，将弹出一个下拉面板。

1 双击边框来选中图形。

3 选择一种布局，即可将它应用到图形上。

4 可以看到，图形的布局已经改变了。

5 单击"撤销"按钮，将取消刚才的操作。

5.5.4 设置颜色和样式

设置 SmartArt 图形的颜色和样式能使其得到美化。其操作步骤如下：

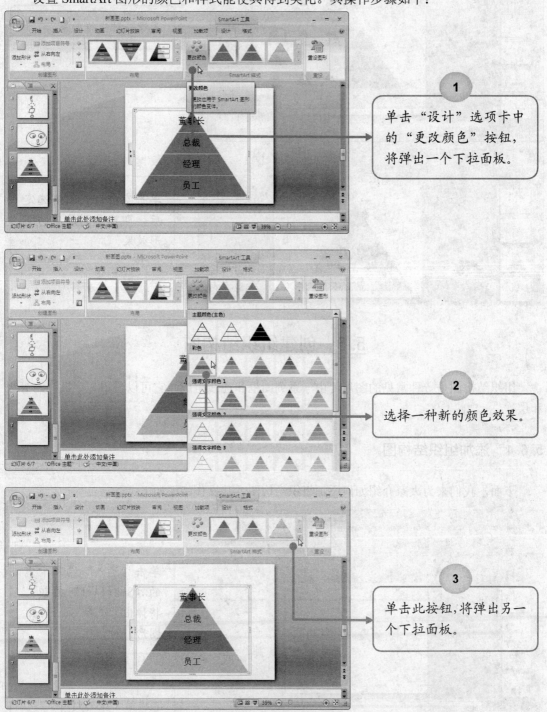

1 单击"设计"选项卡中的"更改颜色"按钮，将弹出一个下拉面板。

2 选择一种新的颜色效果。

3 单击此按钮，将弹出另一个下拉面板。

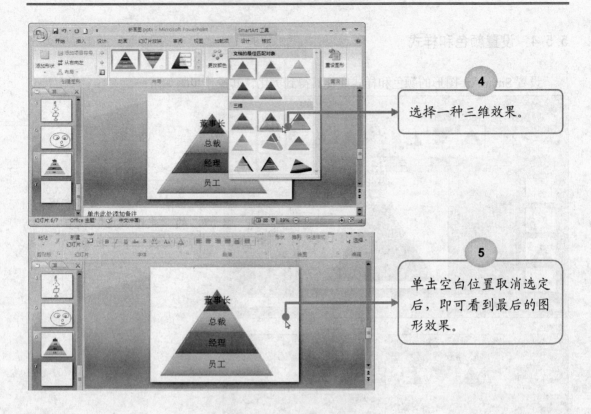

4 选择一种三维效果。

5 单击空白位置取消选定后，即可看到最后的图形效果。

5.6 创建组织结构图

组织结构图是一种常见的图形，由一系列图框和连线组成，它可以显示一个机构的等级和层次。

5.6.1 添加组织结构图

下面，我们来为大家介绍如何添加组织结构。其操作步骤如下：

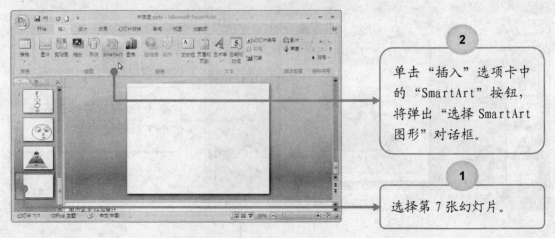

2 单击"插入"选项卡中的"SmartArt"按钮，将弹出"选择 SmartArt 图形"对话框。

1 选择第 7 张幻灯片。

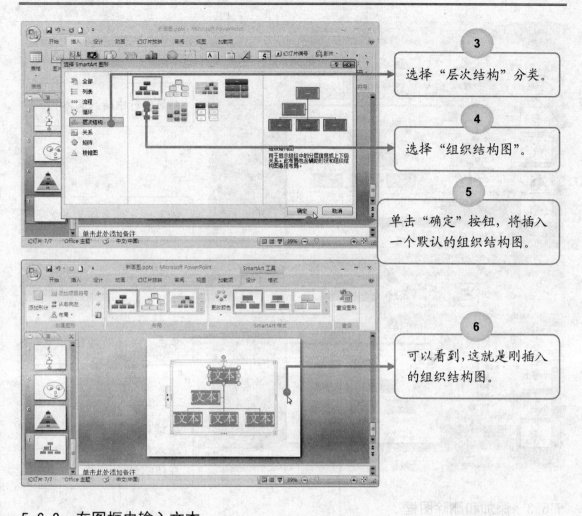

3 选择"层次结构"分类。

4 选择"组织结构图"。

5 单击"确定"按钮,将插入一个默认的组织结构图。

6 可以看到,这就是刚插入的组织结构图。

5.6.2 在图框中输入文本

在添加完组织结构图后,我们可以在图框中输入文本。其操作步骤如下:

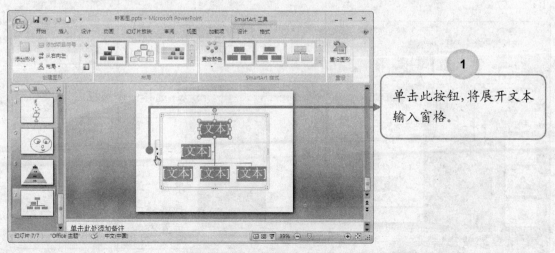

1 单击此按钮,将展开文本输入窗格。

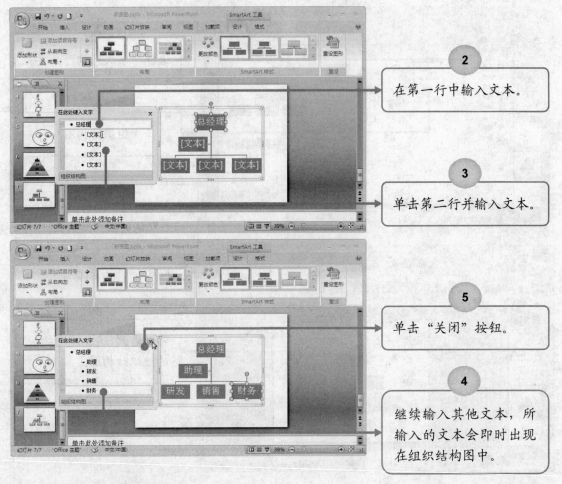

5.6.3 添加和删除图框

在实际操作中，我们常需要对组织结构图进行调整，如添加或删除图框。其操作步骤如下：

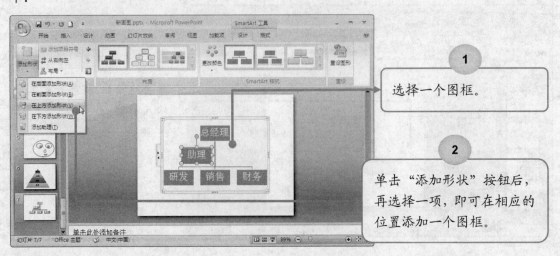

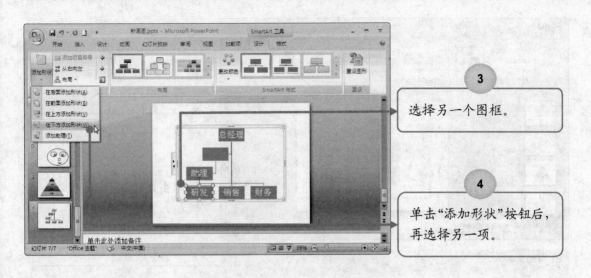

3 选择另一个图框。

4 单击"添加形状"按钮后，再选择另一项。

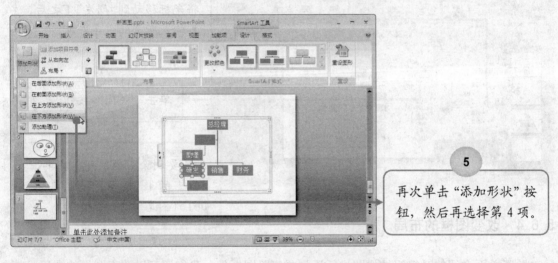

5 再次单击"添加形状"按钮，然后再选择第 4 项。

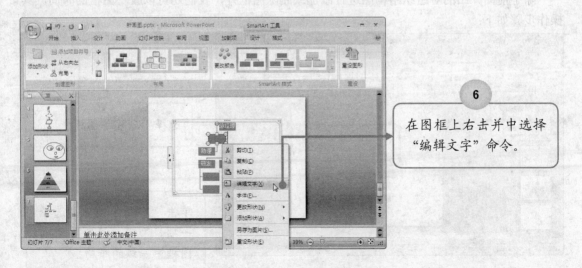

6 在图框上右击并中选择"编辑文字"命令。

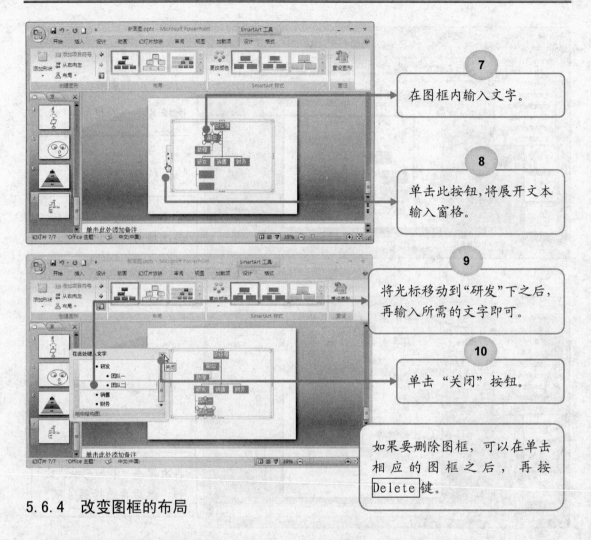

7 在图框内输入文字。

8 单击此按钮,将展开文本输入窗格。

9 将光标移动到"研发"下之后,再输入所需的文字即可。

10 单击"关闭"按钮。

如果要删除图框,可以在单击相应的图框之后,再按 Delete 键。

5.6.4 改变图框的布局

除了前面介绍的对组织结构图进行添加或删除图框外,我们还可以改变图框的布局。其操作步骤如下:

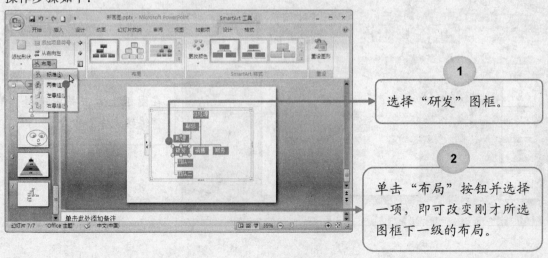

1 选择"研发"图框。

2 单击"布局"按钮并选择一项,即可改变刚才所选图框下一级的布局。

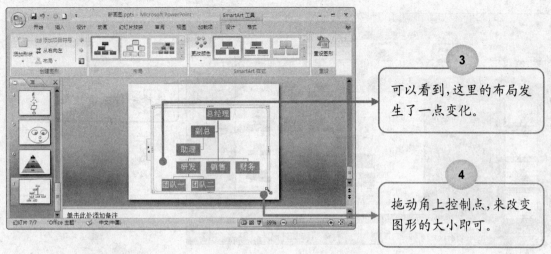

③ 可以看到,这里的布局发生了一点变化。

④ 拖动角上控制点,来改变图形的大小即可。

5.6.5 设置颜色和样式

对组织结构图中的图框,我们可以设置成不同的颜色和样式。其操作步骤如下:

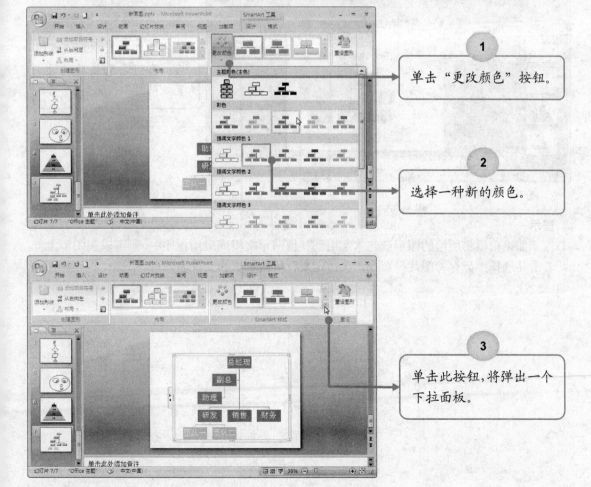

① 单击"更改颜色"按钮。

② 选择一种新的颜色。

③ 单击此按钮,将弹出一个下拉面板。

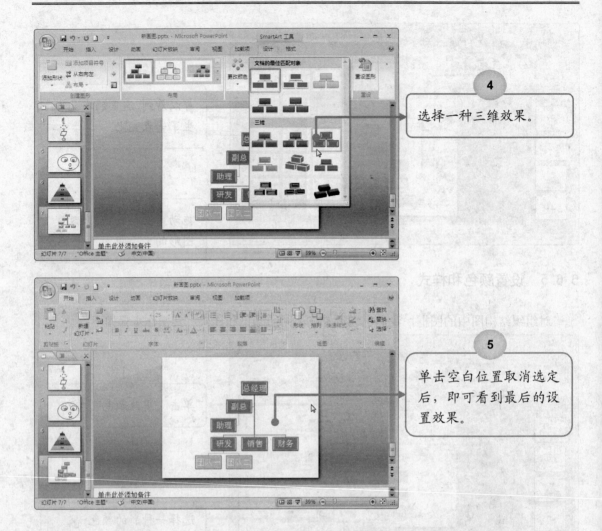

4 选择一种三维效果。

5 单击空白位置取消选定后，即可看到最后的设置效果。

提示

　　如果希望将所绘的图形或艺术字用到其他演示文稿或应用程序中，则可以在图形上右击并选择"另存为图片"命令，再指定要存放的位置和文件名即可。

第 6 章　表格与图表幻灯片的制作

在实际工作中，我们经常需要做一些数据统计，可以使用表格来组织数据。然而，如果希望更形象地体现数据的发展趋势和阶段区别，图表则是最具说服力的手段。

6.1　插 入 表 格

在插入表格之前，要先创建一个或打开一个幻灯片文件，然后显示待插入表格的幻灯片，或者在文件中插入一张包含内容对象占位符的幻灯片。

6.1.1　利用自动版式创建带表格的幻灯片

我们可以利用自动版式创建带表格的幻灯片。其操作步骤如下：

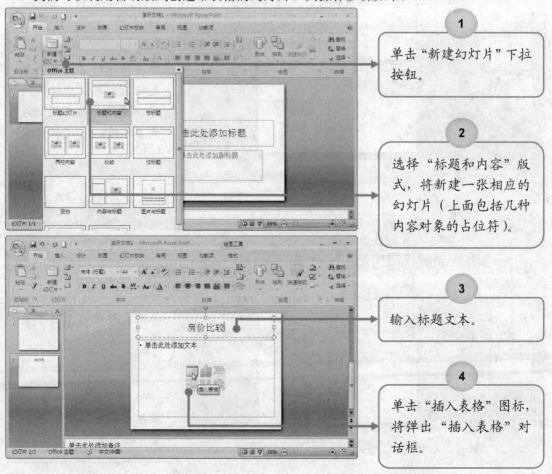

1 单击"新建幻灯片"下拉按钮。

2 选择"标题和内容"版式，将新建一张相应的幻灯片（上面包括几种内容对象的占位符）。

3 输入标题文本。

4 单击"插入表格"图标，将弹出"插入表格"对话框。

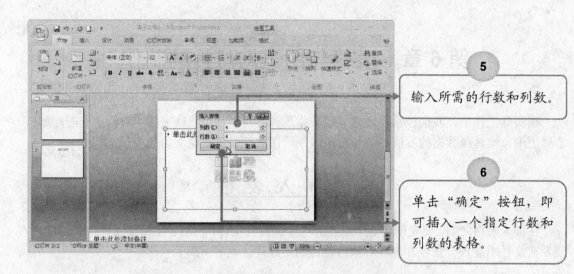

5 输入所需的行数和列数。

6 单击"确定"按钮，即可插入一个指定行数和列数的表格。

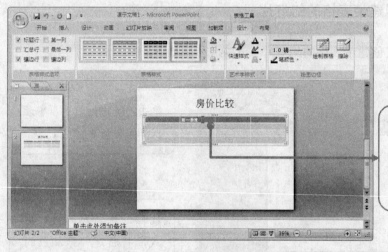

7 单击第一行第二列的单元格后，在其中输入内容，按 Tab 键可跳到右侧单元格。

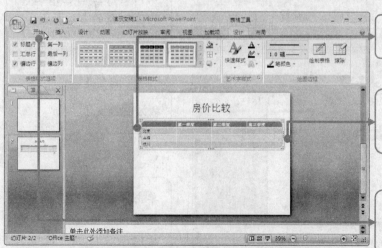

8 继续输入内容。

9 单击表格边框来选中表格。

10 单击"开始"标签，进入"开始"选项卡。

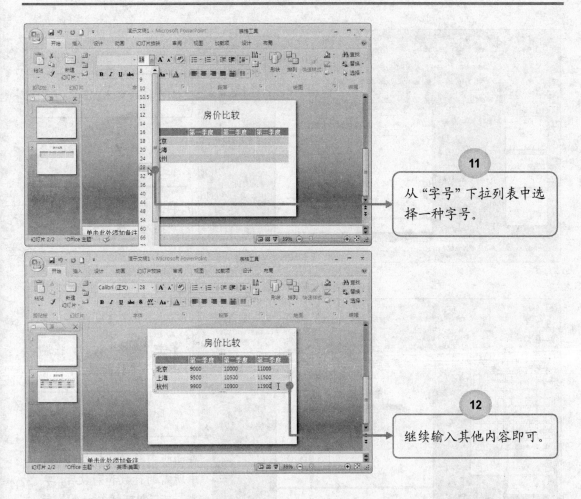

11 从"字号"下拉列表中选择一种字号。

12 继续输入其他内容即可。

6.1.2　在幻灯片中插入表格

下面，我们将为大家介绍如何在幻灯片中插入表格。其操作步骤如下：

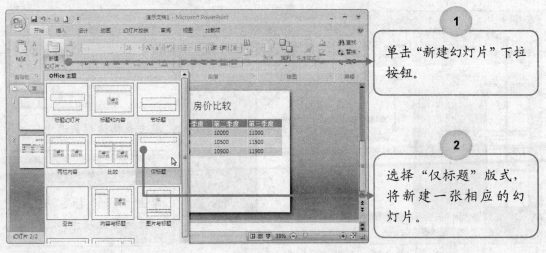

1 单击"新建幻灯片"下拉按钮。

2 选择"仅标题"版式，将新建一张相应的幻灯片。

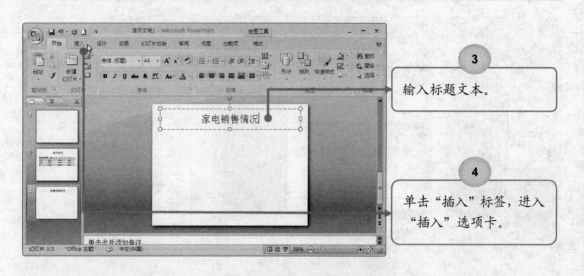

3 输入标题文本。

4 单击"插入"标签，进入"插入"选项卡。

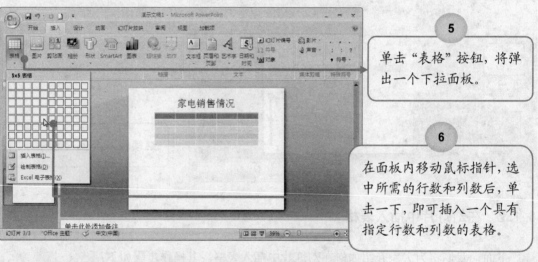

5 单击"表格"按钮，将弹出一个下拉面板。

6 在面板内移动鼠标指针，选中所需的行数和列数后，单击一下，即可插入一个具有指定行数和列数的表格。

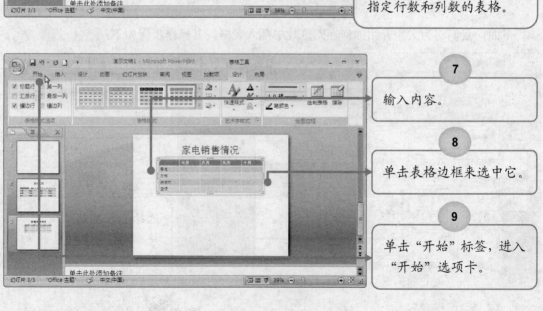

7 输入内容。

8 单击表格边框来选中它。

9 单击"开始"标签，进入"开始"选项卡。

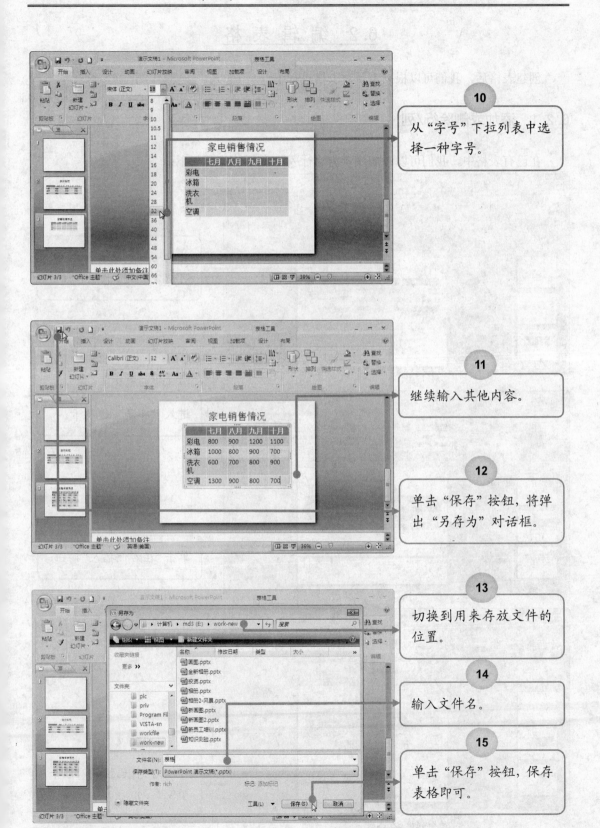

10 从"字号"下拉列表中选择一种字号。

11 继续输入其他内容。

12 单击"保存"按钮,将弹出"另存为"对话框。

13 切换到用来存放文件的位置。

14 输入文件名。

15 单击"保存"按钮,保存表格即可。

6.2 编辑表格

创建表格后，我们可以根据需要对表格进行编辑。

6.2.1 添加或删除行/列

在已有表格中，我们可以添加或者删除行/列。其操作步骤如下：

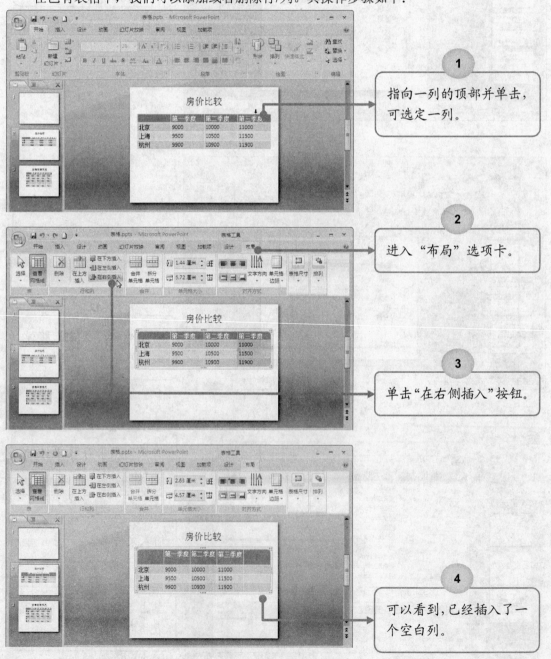

1 指向一列的顶部并单击，可选定一列。

2 进入"布局"选项卡。

3 单击"在右侧插入"按钮。

4 可以看到，已经插入了一个空白列。

5

指向一行的首部并单击，可选定一行。

6

单击"在下方插入"按钮。

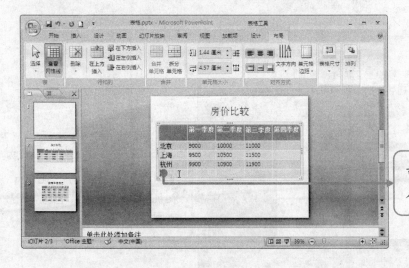

7

可以看到，在下方已经插入了一个空白行。

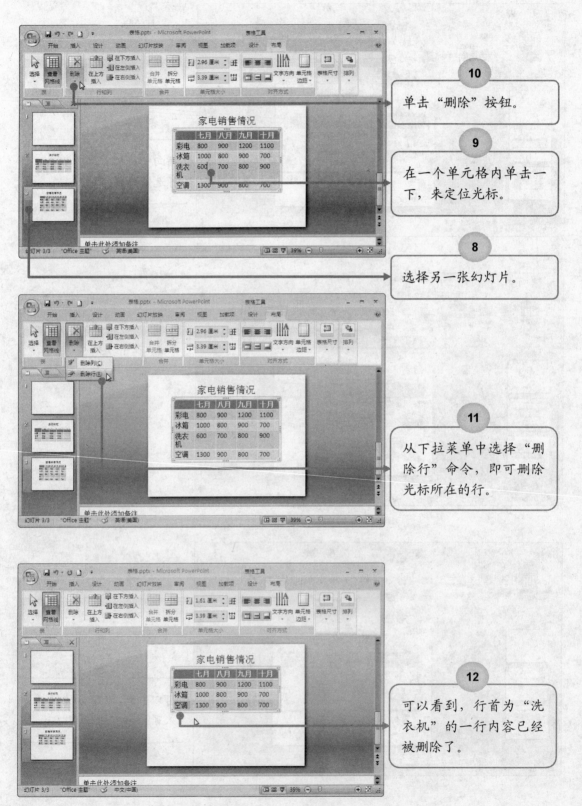

10 单击"删除"按钮。

9 在一个单元格内单击一下，来定位光标。

8 选择另一张幻灯片。

11 从下拉菜单中选择"删除行"命令，即可删除光标所在的行。

12 可以看到，行首为"洗衣机"的一行内容已经被删除了。

6.2.2 合并或拆分单元格

我们可以把表格中的若干个单元格合并成一个单元格，也可以把某个单元格拆分成若干个单元格。其操作步骤如下：

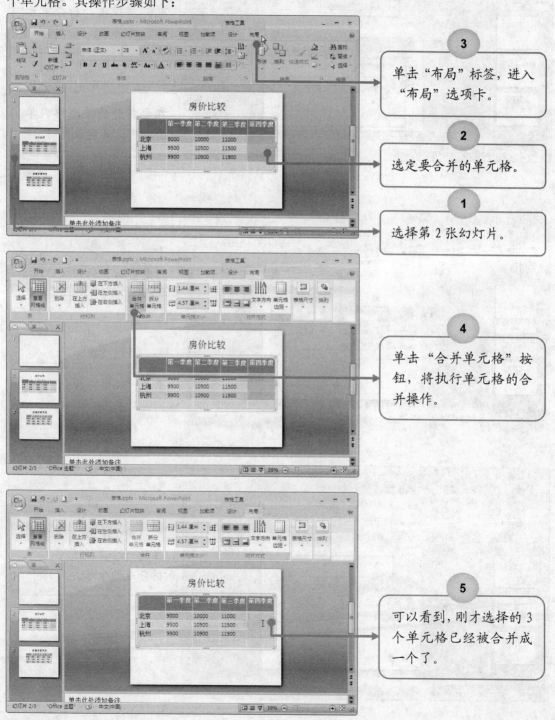

3 单击"布局"标签，进入"布局"选项卡。

2 选定要合并的单元格。

1 选择第 2 张幻灯片。

4 单击"合并单元格"按钮，将执行单元格的合并操作。

5 可以看到，刚才选择的 3 个单元格已经被合并成一个了。

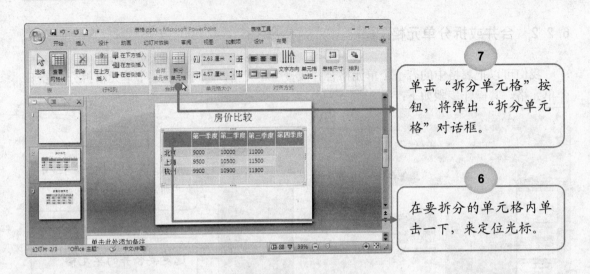

7 单击"拆分单元格"按钮，将弹出"拆分单元格"对话框。

6 在要拆分的单元格内单击一下，来定位光标。

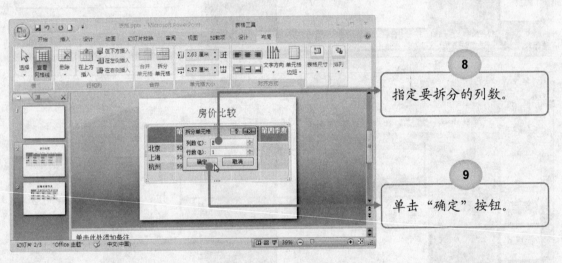

8 指定要拆分的列数。

9 单击"确定"按钮。

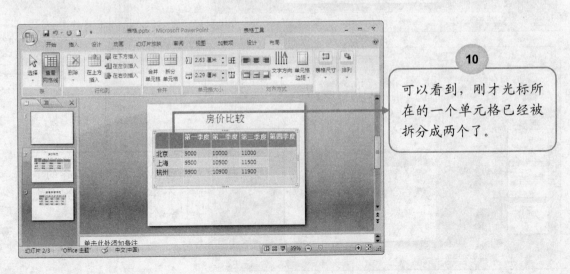

10 可以看到，刚才光标所在的一个单元格已经被拆分成两个了。

6.2.3 调整列宽和行高

如果表格中的单元格过大或者过小，我们则需要调整列宽和行高。其操作步骤如下：

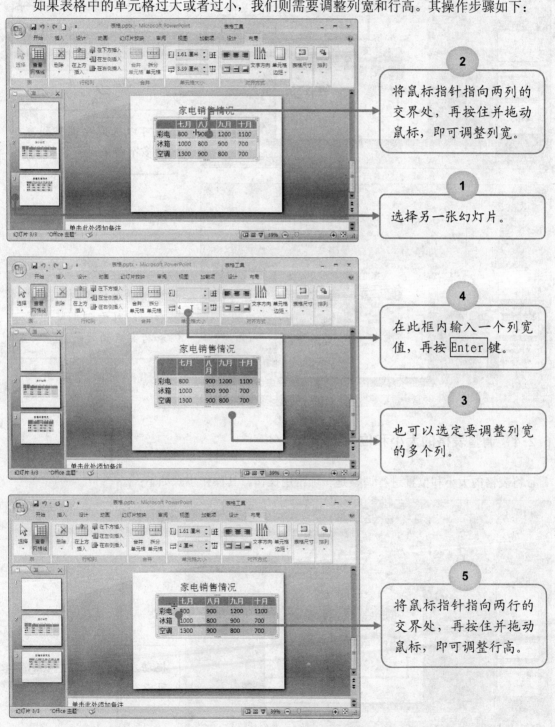

2 将鼠标指针指向两列的交界处，再按住并拖动鼠标，即可调整列宽。

1 选择另一张幻灯片。

4 在此框内输入一个列宽值，再按 Enter 键。

3 也可以选定要调整列宽的多个列。

5 将鼠标指针指向两行的交界处，再按住并拖动鼠标，即可调整行高。

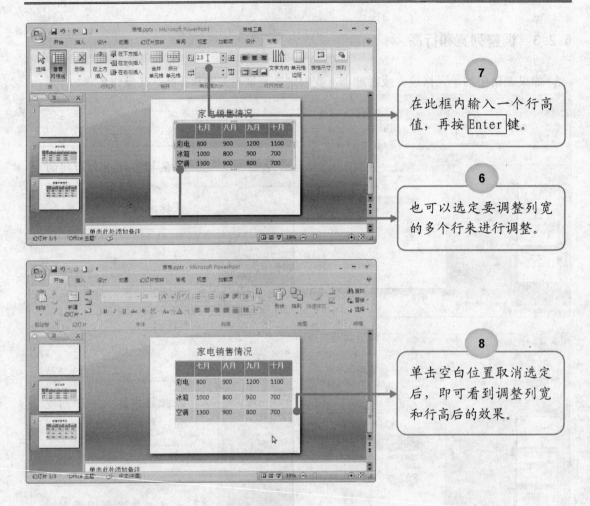

7 在此框内输入一个行高值，再按 Enter 键。

6 也可以选定要调整列宽的多个行来进行调整。

8 单击空白位置取消选定后，即可看到调整列宽和行高后的效果。

6.2.4　调整表格的大小和位置

将表格的大小和位置进行调整是一项常用操作。其操作步骤如下：

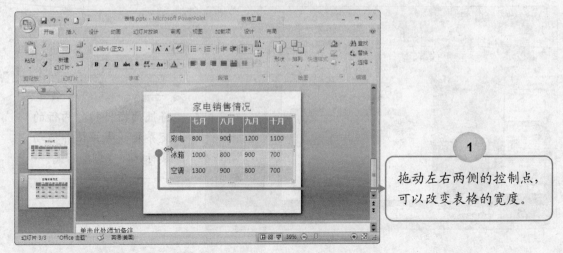

1 拖动左右两侧的控制点,可以改变表格的宽度。

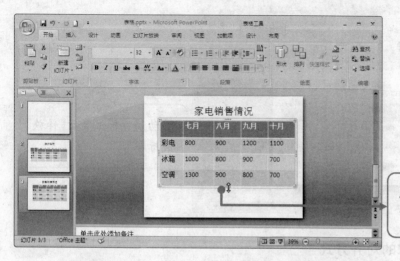

2

拖动上下两边的控制点，可以改变表格的高度。

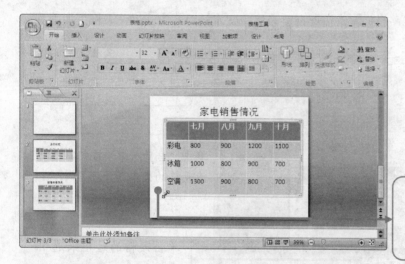

3

拖动角上的控制点，可以同时改变表格的宽度和高度。

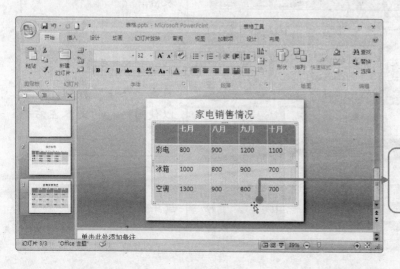

4

拖动表格的边框，可以移动它的位置。

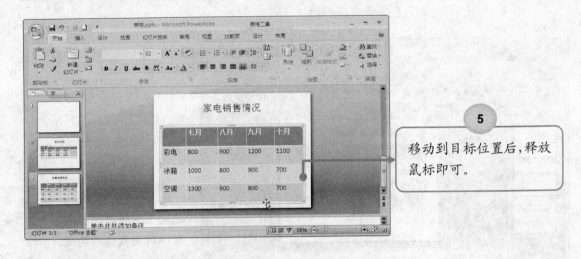

移动到目标位置后,释放鼠标即可。

6.2.5 调整表格中文本的对齐方式

在表格中输入了文本后,我们常常需要调整表格中文本的对齐方式以使表格更加美观。其操作步骤如下:

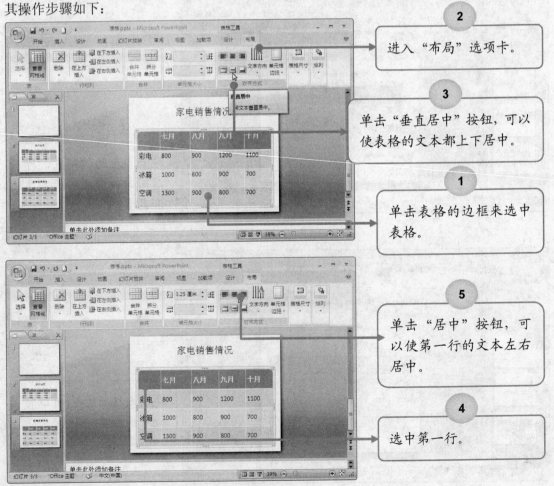

进入"布局"选项卡。

单击"垂直居中"按钮,可以使表格的文本都上下居中。

单击表格的边框来选中表格。

单击"居中"按钮,可以使第一行的文本左右居中。

选中第一行。

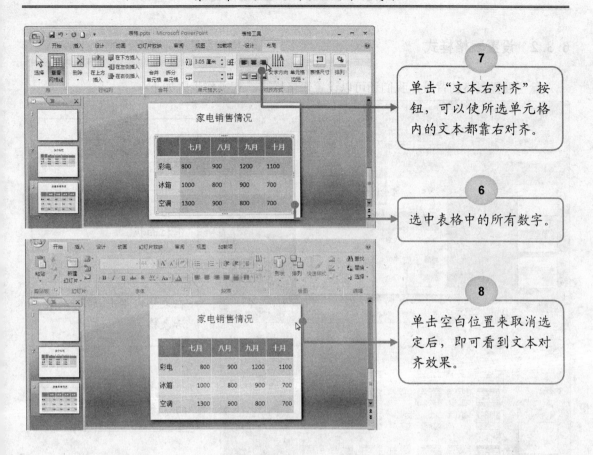

7 单击"文本右对齐"按钮，可以使所选单元格内的文本都靠右对齐。

6 选中表格中的所有数字。

8 单击空白位置来取消选定后，即可看到文本对齐效果。

6.3 美 化 表 格

在实际应用中，我们往往需要对表格进行一些美化。

6.3.1 设置表格背景

对表格的某些单元格设置背景能使其显得更加清晰。其操作步骤如下：

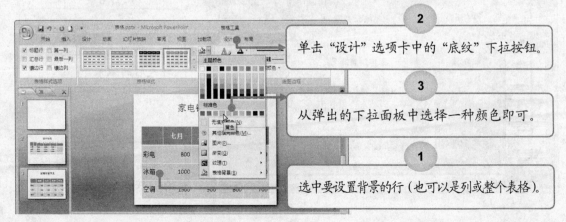

2 单击"设计"选项卡中的"底纹"下拉按钮。

3 从弹出的下拉面板中选择一种颜色即可。

1 选中要设置背景的行（也可以是列或整个表格）。

6.3.2 设置表格样式

除了设置表格的背景，我们还可以设置表格样式。其操作步骤如下：

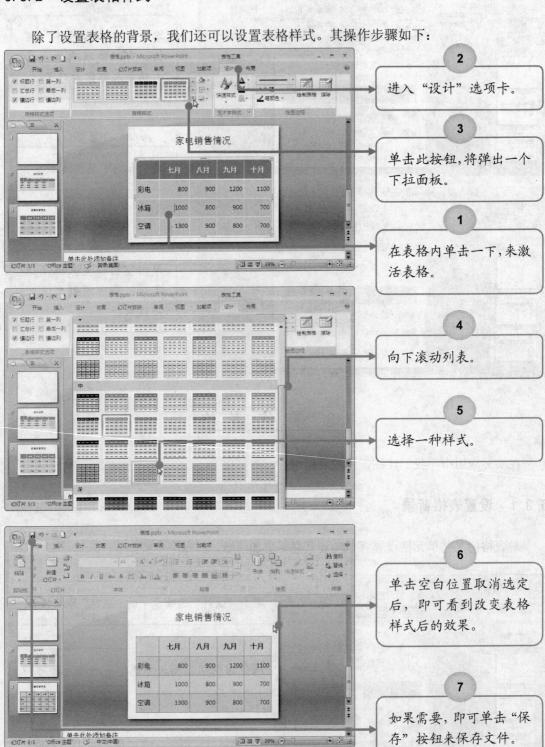

2 进入"设计"选项卡。

3 单击此按钮，将弹出一个下拉面板。

1 在表格内单击一下，来激活表格。

4 向下滚动列表。

5 选择一种样式。

6 单击空白位置取消选定后，即可看到改变表格样式后的效果。

7 如果需要，即可单击"保存"按钮来保存文件。

6.4 创 建 图 表

借助图表，可以形象地表达数据表内部数据之间的关系。

6.4.1 插入图表

在幻灯片中插入图表的方法非常简单。其操作步骤如下：

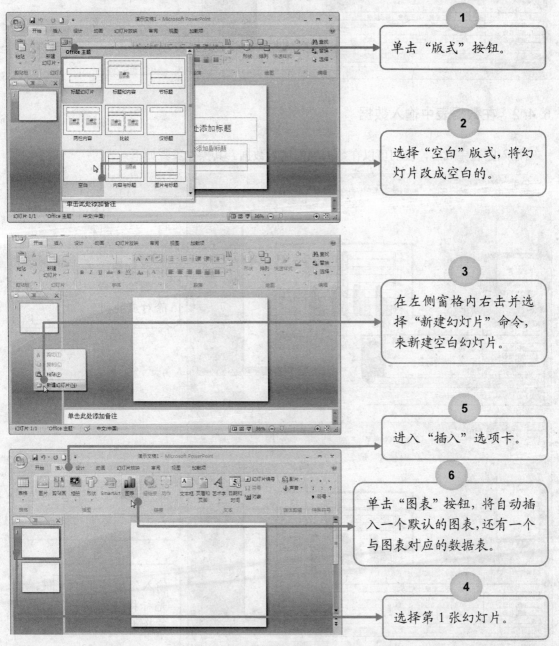

1 单击"版式"按钮。

2 选择"空白"版式，将幻灯片改成空白的。

3 在左侧窗格内右击并选择"新建幻灯片"命令，来新建空白幻灯片。

5 进入"插入"选项卡。

6 单击"图表"按钮，将自动插入一个默认的图表，还有一个与图表对应的数据表。

4 选择第1张幻灯片。

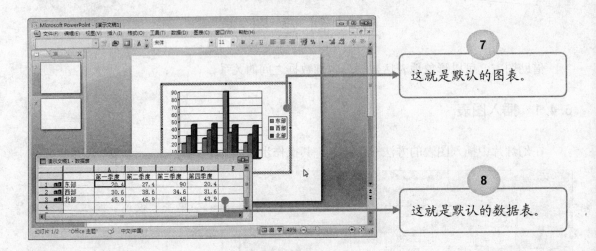

7 这就是默认的图表。

8 这就是默认的数据表。

6.4.2　在数据表中输入数据

插入图表完成后，我们可以在数据表中输入数据。其操作步骤如下：

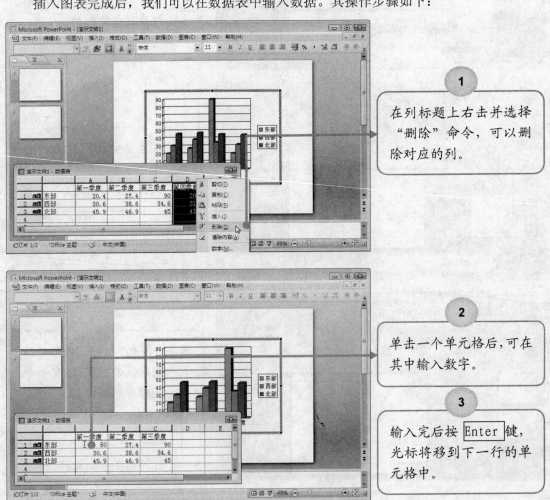

1 在列标题上右击并选择"删除"命令，可以删除对应的列。

2 单击一个单元格后，可在其中输入数字。

3 输入完后按 Enter 键，光标将移到下一行的单元格中。

148

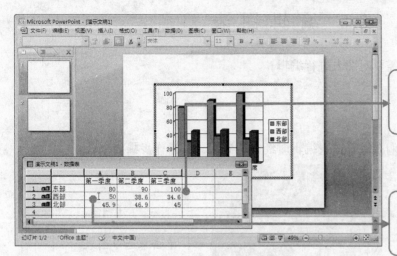

4 按类似的方法，输入另外两个季度的数字。

5 在此单元格内输入新的数字，输完后按 Enter 键。

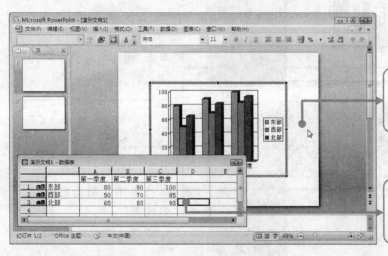

7 单击空白位置，可将图表放到幻灯片上。

6 继续输入其他所需的数字。

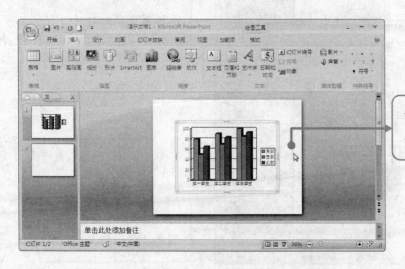

8 可以看到，已经根据新数字生成了图表。

6.5　编辑图表

创建图表后，可以根据需要对图表进行编辑。

6.5.1　复制图表

根据需要复制图表是我们在进行图表编辑时经常遇到的。其操作步骤如下：

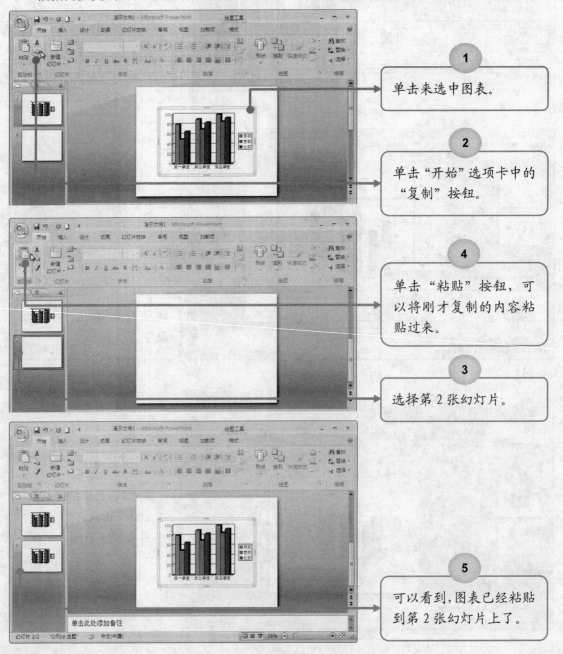

1 单击来选中图表。

2 单击"开始"选项卡中的"复制"按钮。

4 单击"粘贴"按钮，可以将刚才复制的内容粘贴过来。

3 选择第 2 张幻灯片。

5 可以看到，图表已经粘贴到第 2 张幻灯片上了。

6.5.2　修改数据表中的数据

我们还可以根据需要修改数据表中的数据。其操作步骤如下：

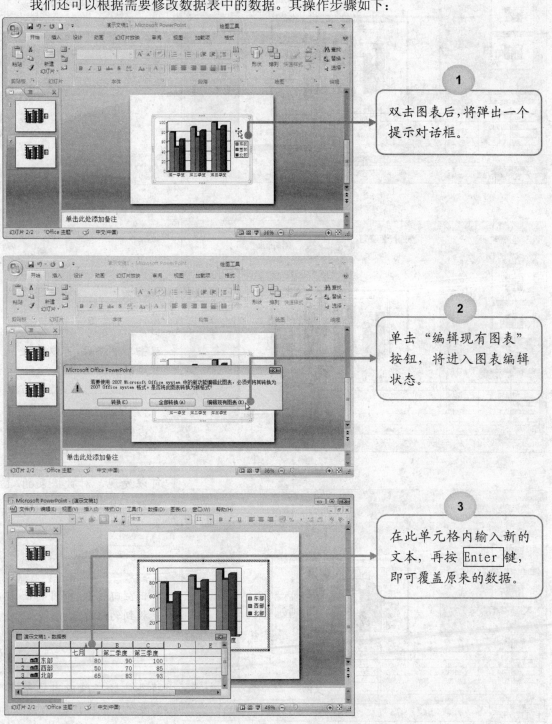

1 双击图表后，将弹出一个提示对话框。

2 单击"编辑现有图表"按钮，将进入图表编辑状态。

3 在此单元格内输入新的文本，再按 Enter 键，即可覆盖原来的数据。

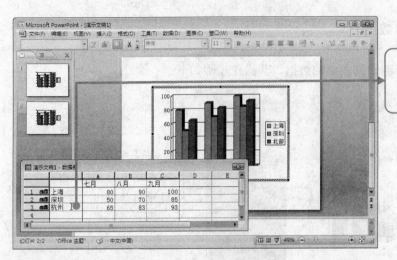

4 继续输入其他月份和城市名称。

5 双击单元格后，可以修改其中的数字。

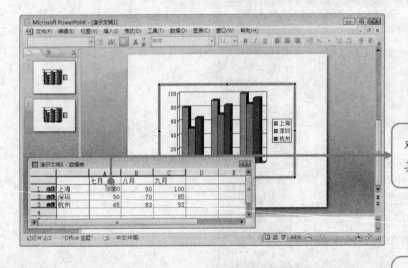

7 可以发现，对数据表的修改，会随时反应到图表上。

8 单击空白位置，即可将图表放到幻灯片上。

6 将其他数字改成自己所需要的。

6.5.3　调整图表的大小和位置

在完成图表内容后，我们可以调整图表的大小和位置。其操作步骤如下：

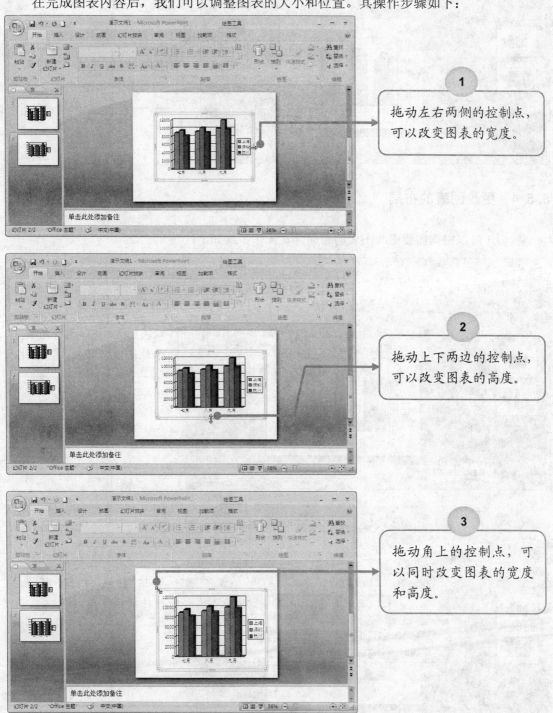

1 拖动左右两侧的控制点，可以改变图表的宽度。

2 拖动上下两边的控制点，可以改变图表的高度。

3 拖动角上的控制点，可以同时改变图表的宽度和高度。

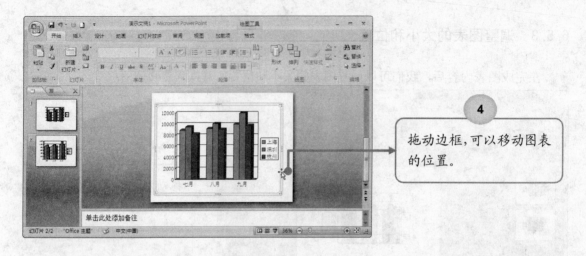

拖动边框,可以移动图表的位置。

6.5.4 更改图表的布局

我们还可以根据需要更改图表的布局。其操作步骤如下:

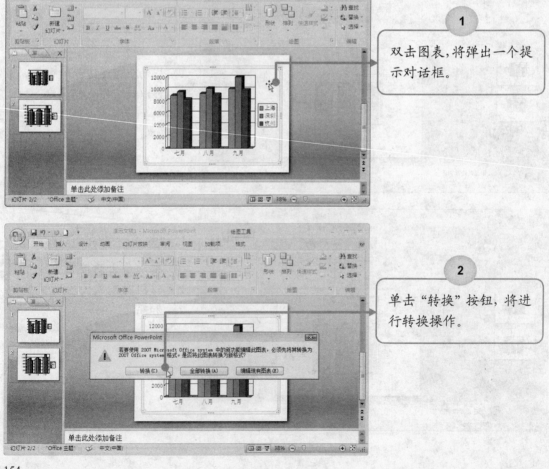

双击图表,将弹出一个提示对话框。

单击"转换"按钮,将进行转换操作。

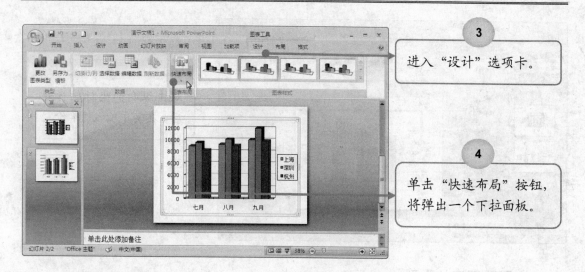

3 进入"设计"选项卡。

4 单击"快速布局"按钮，将弹出一个下拉面板。

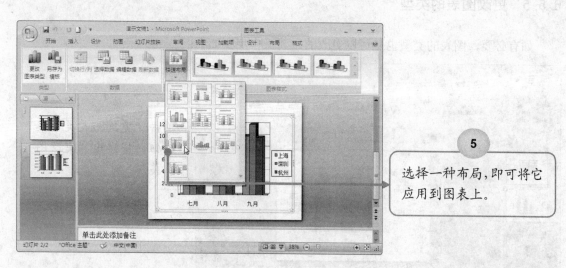

5 选择一种布局，即可将它应用到图表上。

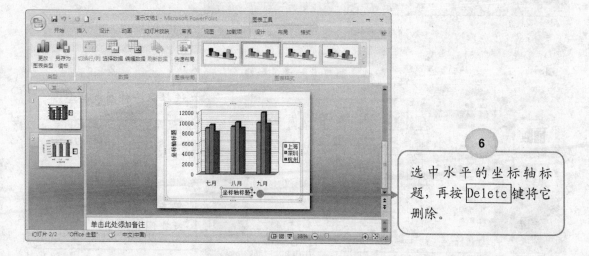

6 选中水平的坐标轴标题，再按 Delete 键将它删除。

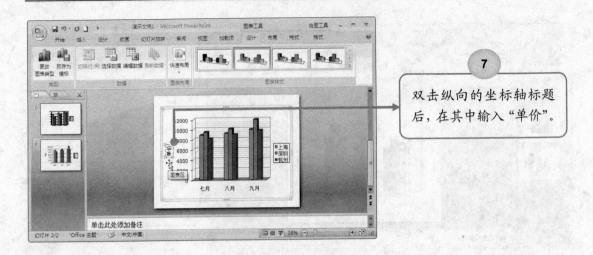

7 双击纵向的坐标轴标题后，在其中输入"单价"。

6.5.5 更改图表的类型

如有必要，图表的类型也是可以更改的。其操作步骤如下：

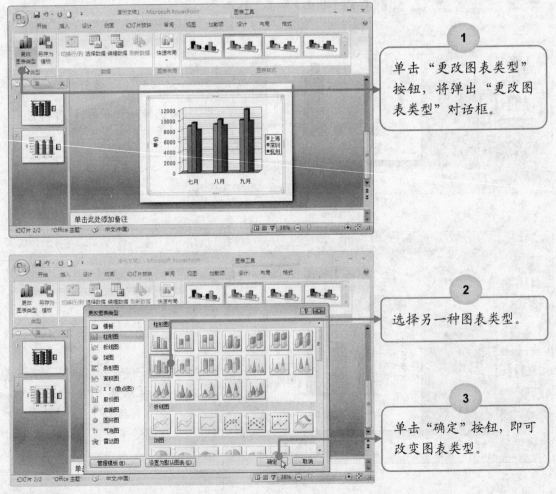

1 单击"更改图表类型"按钮，将弹出"更改图表类型"对话框。

2 选择另一种图表类型。

3 单击"确定"按钮，即可改变图表类型。

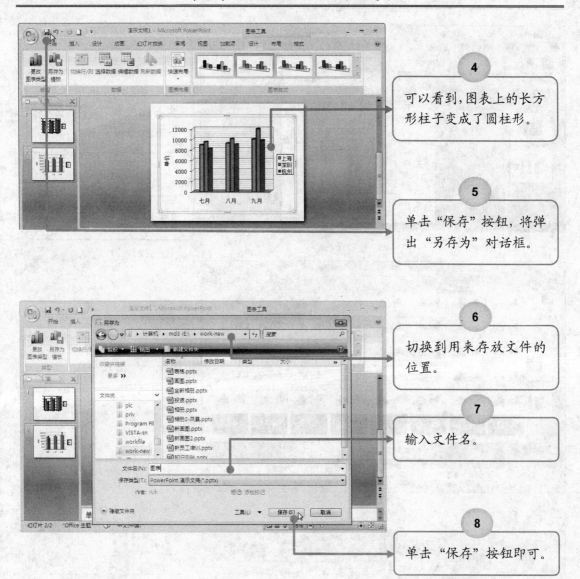

4 可以看到，图表上的长方形柱子变成了圆柱形。

5 单击"保存"按钮，将弹出"另存为"对话框。

6 切换到用来存放文件的位置。

7 输入文件名。

8 单击"保存"按钮即可。

6.6　美　化　图　表

如果需要，可以对表格进行一些美化操作。

6.6.1　应用快速样式

在 PowerPoint 2007 中，有很多样式可以直接被运用。其操作步骤如下：

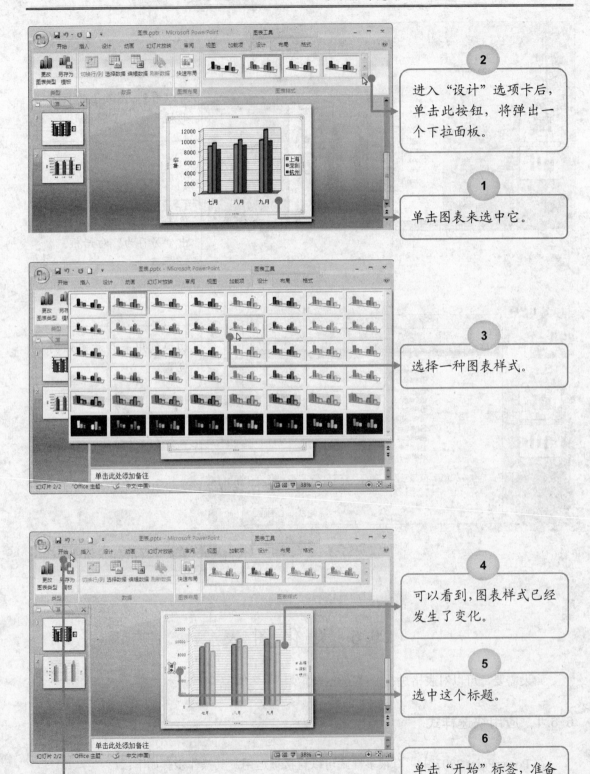

2

进入"设计"选项卡后，单击此按钮，将弹出一个下拉面板。

1

单击图表来选中它。

3

选择一种图表样式。

4

可以看到，图表样式已经发生了变化。

5

选中这个标题。

6

单击"开始"标签，准备进入"开始"选项卡。

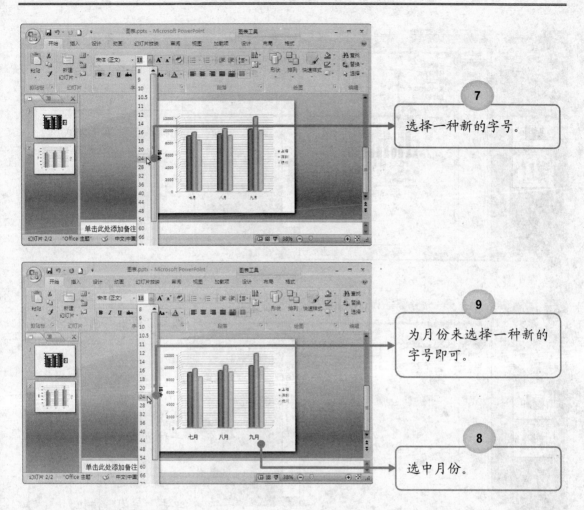

7 选择一种新的字号。

9 为月份来选择一种新的字号即可。

8 选中月份。

6.6.2　设置图例的格式

图例是幻灯片中重要的部分，我们可以设置其格式。其操作步骤如下：

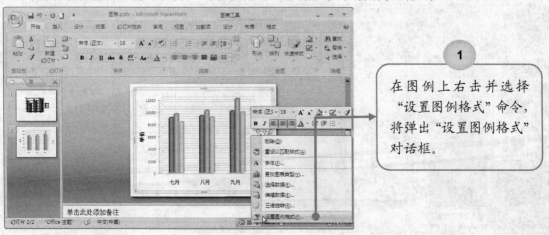

1 在图例上右击并选择"设置图例格式"命令，将弹出"设置图例格式"对话框。

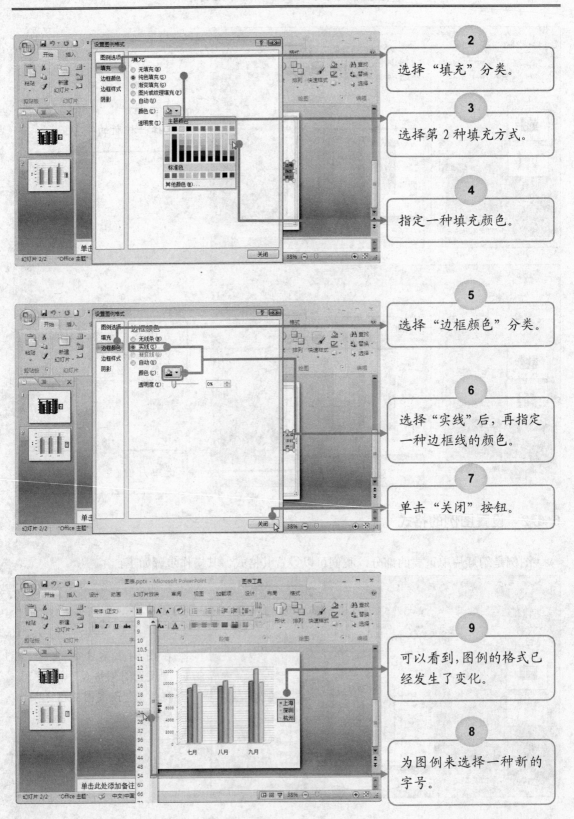

2 选择"填充"分类。

3 选择第 2 种填充方式。

4 指定一种填充颜色。

5 选择"边框颜色"分类。

6 选择"实线"后，再指定一种边框线的颜色。

7 单击"关闭"按钮。

9 可以看到，图例的格式已经发生了变化。

8 为图例来选择一种新的字号。

6.6.3 设置坐标轴的格式

在幻灯片的图表中,坐标轴的格式是我们需要关注的。调整坐标轴格式的操作步骤如下:

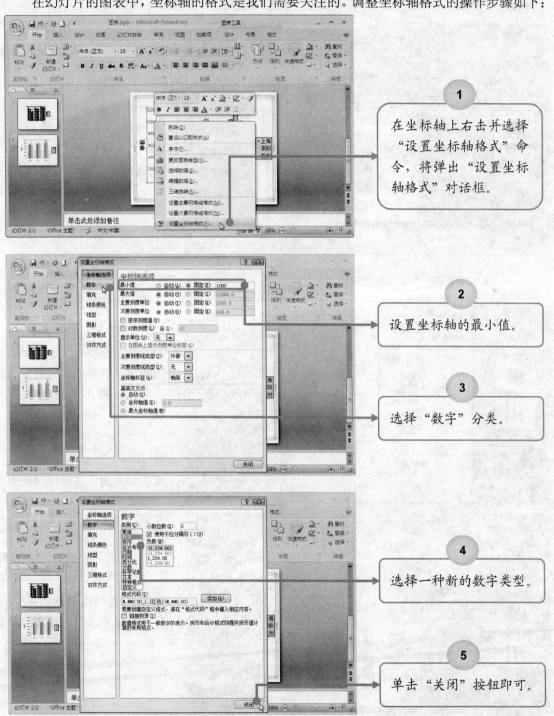

1 在坐标轴上右击并选择"设置坐标轴格式"命令,将弹出"设置坐标轴格式"对话框。

2 设置坐标轴的最小值。

3 选择"数字"分类。

4 选择一种新的数字类型。

5 单击"关闭"按钮即可。

6.6.4 设置数据系列的格式

除了坐标轴、图例，我们还需要设置数据系列的格式。其操作步骤如下：

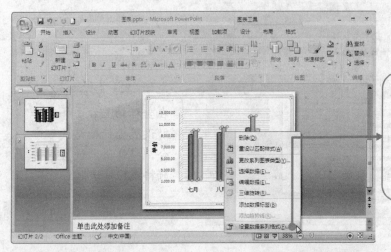

1 在一个数据系列上右击并选择"设置数据系列格式"命令，将弹出"设置数据系列格式"对话框。

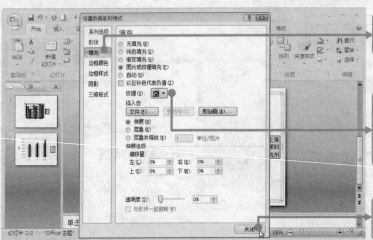

2 选择"填充"分类。

3 选择第 4 种填充方式后，再指定一种用来填充的纹理。

4 单击"关闭"按钮。

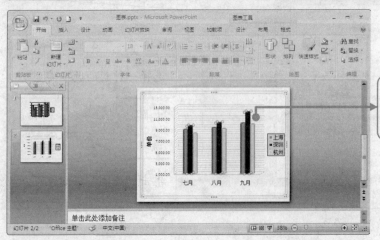

5 可以看到，所选的数据系列已经填充了新的纹理。

6.6.5　设置图表区的格式

在幻灯片的图表中，图表区是我们需要重点关注的。设置图表区的格式的操作步骤如下：

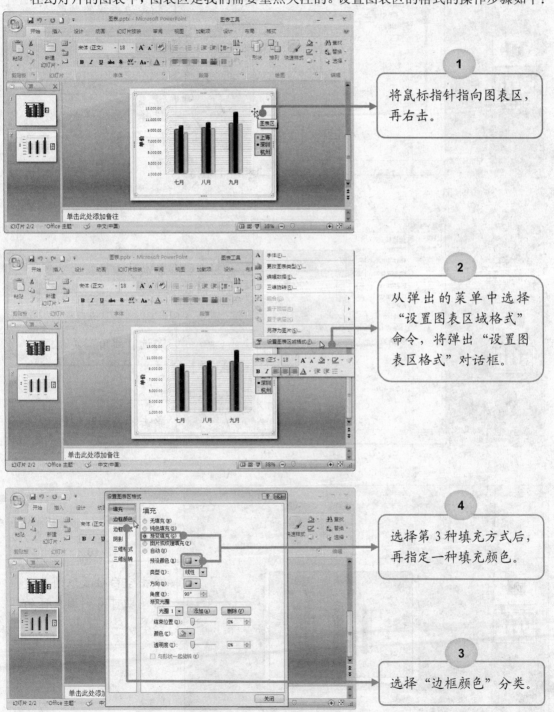

1 将鼠标指针指向图表区，再右击。

2 从弹出的菜单中选择"设置图表区域格式"命令，将弹出"设置图表区格式"对话框。

4 选择第 3 种填充方式后，再指定一种填充颜色。

3 选择"边框颜色"分类。

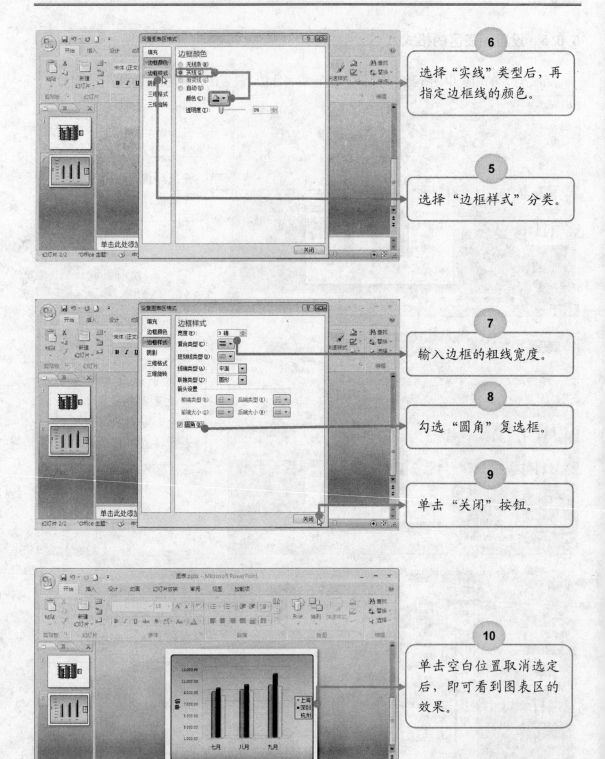

6 选择"实线"类型后，再指定边框线的颜色。

5 选择"边框样式"分类。

7 输入边框的粗线宽度。

8 勾选"圆角"复选框。

9 单击"关闭"按钮。

10 单击空白位置取消选定后，即可看到图表区的效果。

6.6.6 设置背景墙的格式

通过设置背景墙的格式能使图表的表现效果更好。其操作步骤如下：

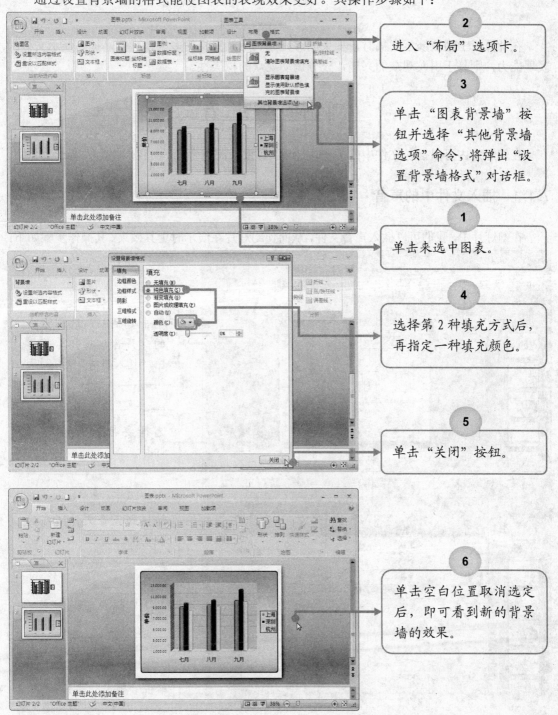

2 进入"布局"选项卡。

3 单击"图表背景墙"按钮并选择"其他背景墙选项"命令，将弹出"设置背景墙格式"对话框。

1 单击来选中图表。

4 选择第2种填充方式后，再指定一种填充颜色。

5 单击"关闭"按钮。

6 单击空白位置取消选定后，即可看到新的背景墙的效果。

第 7 章　多媒体幻灯片的制作

在计算机上播放演示文稿时，如果能够充分利用计算机的多媒体性能，提高演示文稿的表现能力，则易于引发观众的兴趣，充分调动观众的积极性。

7.1　插入声音

在幻灯片内可以插入文件中的声音，也可以直接录制声音。下面我们将为大家一一介绍。

7.1.1　插入文件中的声音

在幻灯片中，我们可以插入声音文件，从而使幻灯片在演示时更具效果。其操作步骤如下：

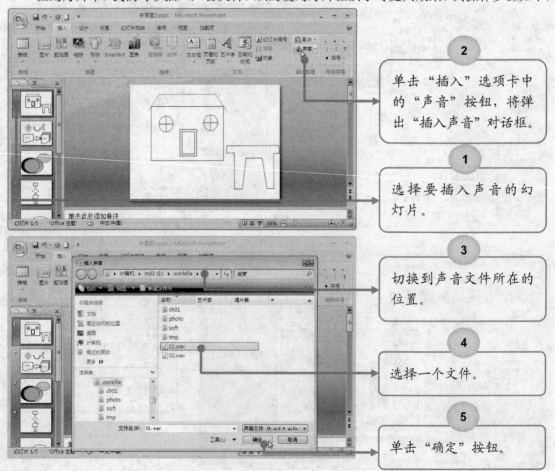

2 单击"插入"选项卡中的"声音"按钮，将弹出"插入声音"对话框。

1 选择要插入声音的幻灯片。

3 切换到声音文件所在的位置。

4 选择一个文件。

5 单击"确定"按钮。

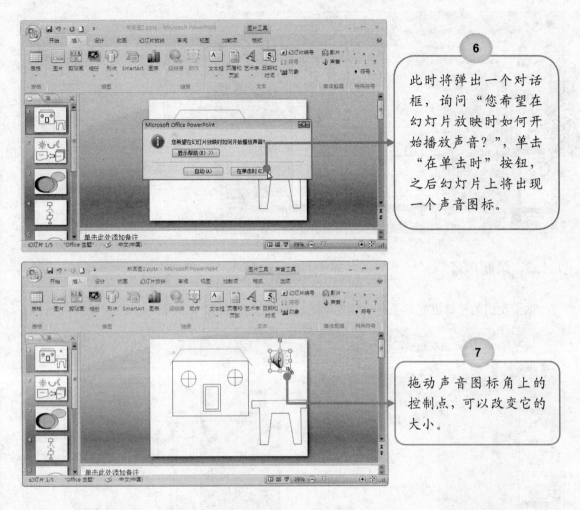

6

此时将弹出一个对话框，询问"您希望在幻灯片放映时如何开始播放声音？"，单击"在单击时"按钮，之后幻灯片上将出现一个声音图标。

7

拖动声音图标角上的控制点，可以改变它的大小。

7.1.2 设置声音

对于已经插入的声音文件，我们可以对其进行设置，以使它能满足需求。其操作步骤如下：

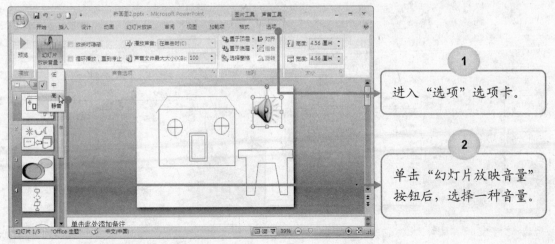

1

进入"选项"选项卡。

2

单击"幻灯片放映音量"按钮后，选择一种音量。

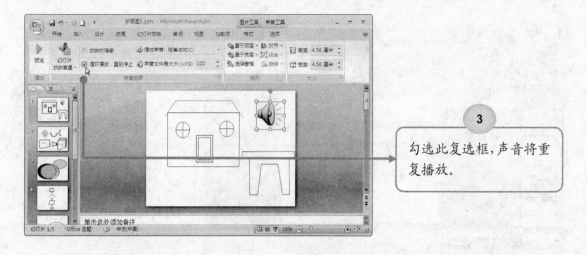

3　勾选此复选框,声音将重复播放。

7.1.3　录制声音

如果我们的计算机配备了声卡和麦克风,就可以录制声音。其操作步骤如下:

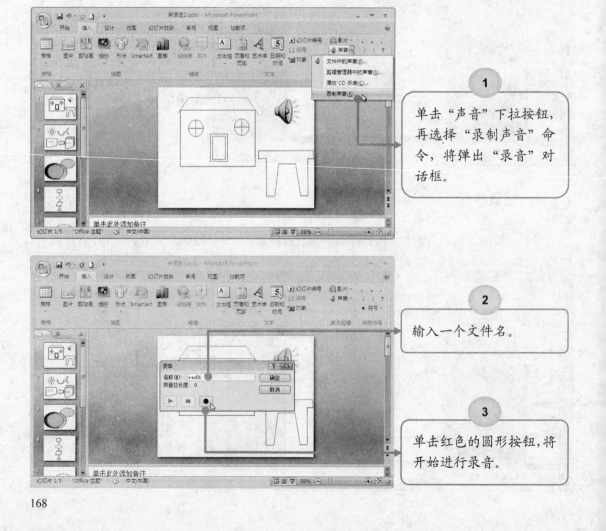

1　单击"声音"下拉按钮,再选择"录制声音"命令,将弹出"录音"对话框。

2　输入一个文件名。

3　单击红色的圆形按钮,将开始进行录音。

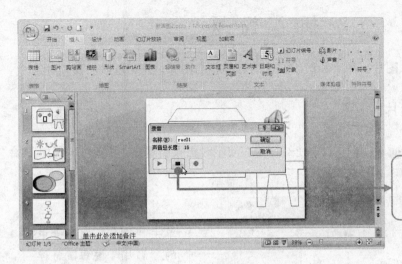

4

单击黑色的方形按钮，则可停止录音。

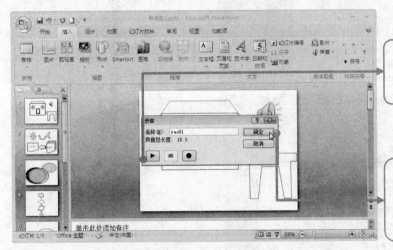

5

单击"播放"按钮，可以播放所录制的声音。

6

单击"确定"按钮，之后幻灯片上将出现一个声音图标。

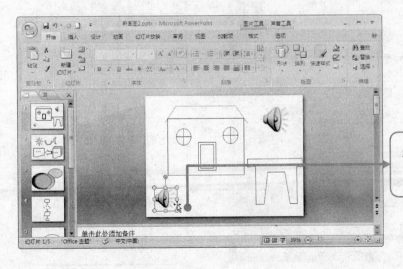

7

拖动声音图标的边框，可以移动它的位置。

7.2 插入视频

在幻灯片内不仅能插入图片、图表和组织结构图等静止的图像，还可以添加视频对象。

7.2.1 插入文件中的影片

在幻灯片中，我们可以插入视频文件，使幻灯片在演示时更吸引观众。其操作步骤如下：

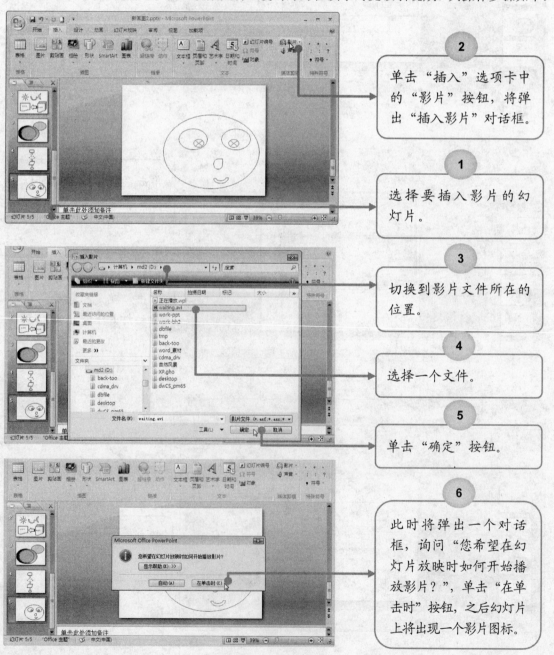

2 单击"插入"选项卡中的"影片"按钮，将弹出"插入影片"对话框。

1 选择要插入影片的幻灯片。

3 切换到影片文件所在的位置。

4 选择一个文件。

5 单击"确定"按钮。

6 此时将弹出一个对话框，询问"您希望在幻灯片放映时如何开始播放影片？"，单击"在单击时"按钮，之后幻灯片上将出现一个影片图标。

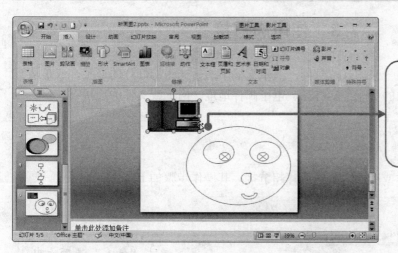

7

拖动角上的控制点，可以改变影片窗口的大小；拖动其边框，可以移动它的位置。

7.2.2 设置影片的播放效果

对于已经插入的视频文件，我们可以对它进行设置，使其在播放时更加吸引人。其操作步骤如下：

1

进入"选项"选项卡。

2

单击"幻灯片放映音量"按钮后，再选择一种音量。

3

勾选这两个复选框即可。

171

7.3 使用超链接

幻灯片中的超链接是从一张幻灯片到同一演示文稿中的另一张幻灯片的连接，或是从一张幻灯片到不同演示文稿中的另一张幻灯片、电子邮件地址、网页或文件的连接。

7.3.1 创建超链接

可以为幻灯片上的文本或图形对象来创建超链接，其操作步骤如下：

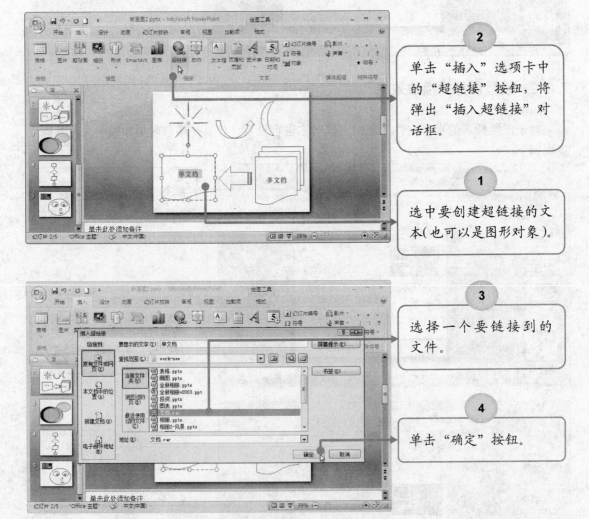

2 单击"插入"选项卡中的"超链接"按钮，将弹出"插入超链接"对话框。

1 选中要创建超链接的文本(也可以是图形对象)。

3 选择一个要链接到的文件。

4 单击"确定"按钮。

提示
如果要选择其他位置的文件，则可以单击"插入超链接"对话框中的"浏览文件"按钮 。

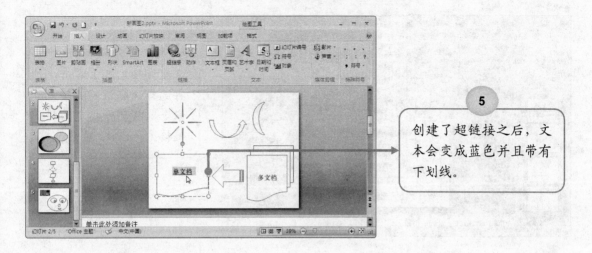

5　创建了超链接之后，文本会变成蓝色并且带有下划线。

7.3.2　更改或删除超链接

对于已经创建的超链接，我们可以对它进行更改或删除。其操作步骤如下：

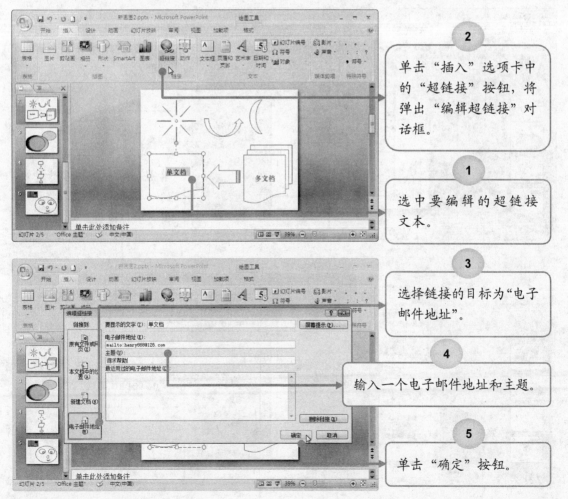

2　单击"插入"选项卡中的"超链接"按钮，将弹出"编辑超链接"对话框。

1　选中要编辑的超链接文本。

3　选择链接的目标为"电子邮件地址"。

4　输入一个电子邮件地址和主题。

5　单击"确定"按钮。

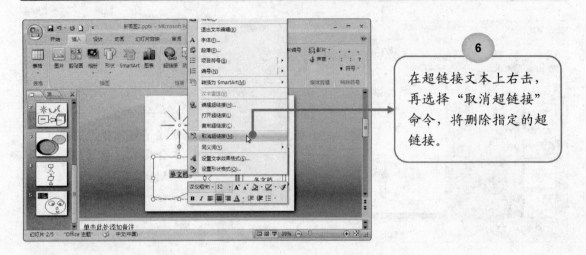

6 在超链接文本上右击，再选择"取消超链接"命令，将删除指定的超链接。

7.3.3　插入动作链接

我们还可以插入动作链接。其操作步骤如下：

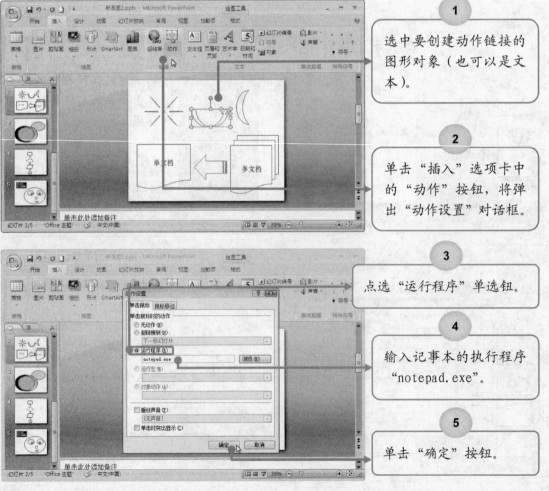

1 选中要创建动作链接的图形对象（也可以是文本）。

2 单击"插入"选项卡中的"动作"按钮，将弹出"动作设置"对话框。

3 点选"运行程序"单选钮。

4 输入记事本的执行程序"notepad.exe"。

5 单击"确定"按钮。

这样一来，在放映幻灯片时，当单击设置了动作链接的对象后，便会运行相应的程序。

7.4　添加动作按钮

我们可以将动作按钮添加到演示文稿中，然后定义如何在幻灯片放映视图中使用它，如链接到另一张幻灯片或者需要激活一段影片。

7.4.1　利用按钮来控制声音的播放

我们先来为大家介绍如何利用按钮来控制声音的播放。其操作步骤如下：

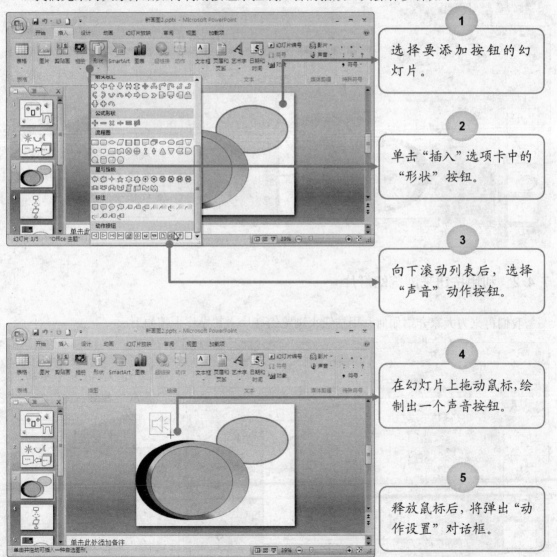

1 选择要添加按钮的幻灯片。

2 单击"插入"选项卡中的"形状"按钮。

3 向下滚动列表后，选择"声音"动作按钮。

4 在幻灯片上拖动鼠标，绘制出一个声音按钮。

5 释放鼠标后，将弹出"动作设置"对话框。

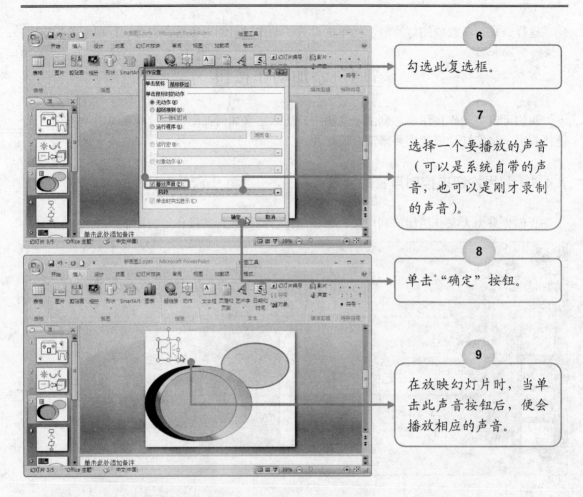

6 勾选此复选框。

7 选择一个要播放的声音（可以是系统自带的声音，也可以是刚才录制的声音）。

8 单击"确定"按钮。

9 在放映幻灯片时，当单击此声音按钮后，便会播放相应的声音。

7.4.2 利用按钮来浏览幻灯片

我们再来为大家介绍如何利用按钮来浏览幻灯片。其操作步骤如下：

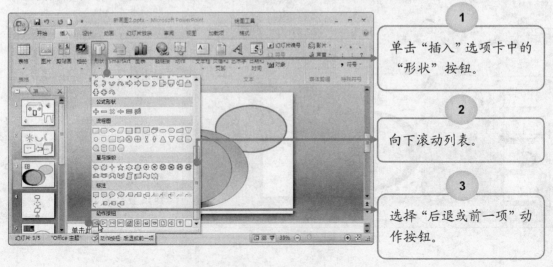

1 单击"插入"选项卡中的"形状"按钮。

2 向下滚动列表。

3 选择"后退或前一项"动作按钮。

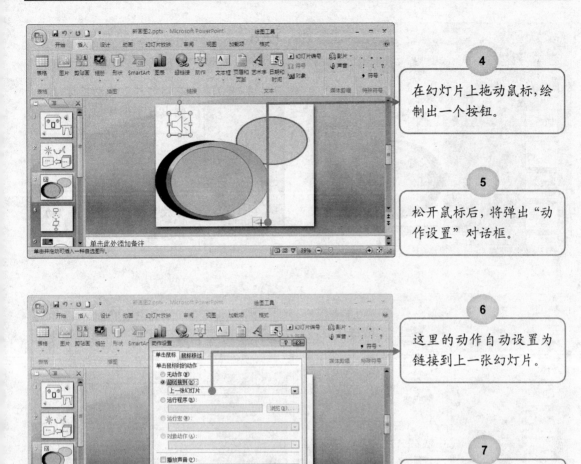

4

在幻灯片上拖动鼠标,绘制出一个按钮。

5

松开鼠标后,将弹出"动作设置"对话框。

6

这里的动作自动设置为链接到上一张幻灯片。

7

单击"确定"按钮。

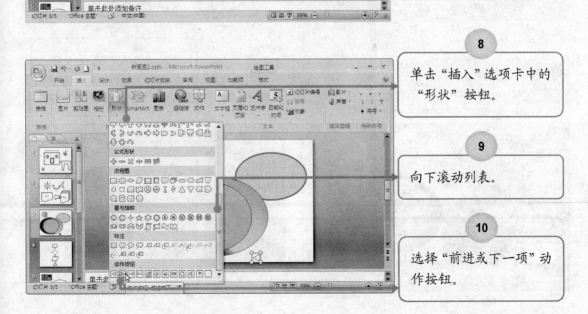

8

单击"插入"选项卡中的"形状"按钮。

9

向下滚动列表。

10

选择"前进或下一项"动作按钮。

11 在幻灯片上拖动鼠标，绘制出另一个按钮。

12 释放鼠标后，将弹出"动作设置"对话框。

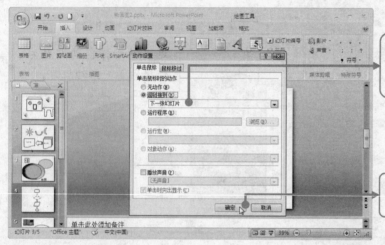

13 这里的动作自动设置为链接到下一张幻灯片。

14 单击"确定"按钮。

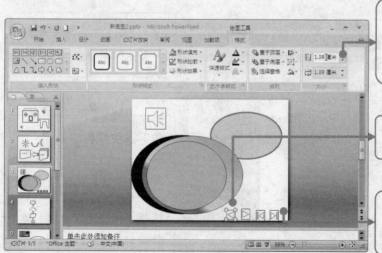

17 进入"格式"选项卡后，在这里可以输入按钮的高度。

16 选择一个动作按钮。

15 按类似的操作，再绘制两个动作按钮。

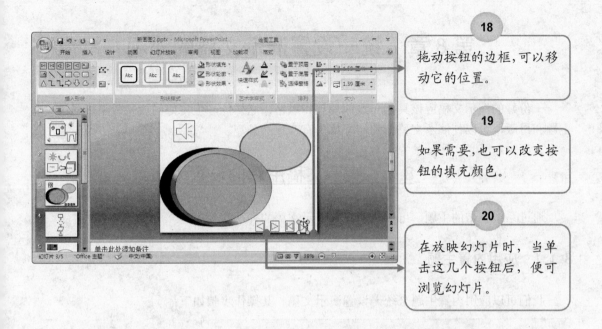

18 拖动按钮的边框,可以移动它的位置。

19 如果需要,也可以改变按钮的填充颜色。

20 在放映幻灯片时,当单击这几个按钮后,便可浏览幻灯片。

如果希望这几个按钮出现在每一页幻灯片上,则需要将它们添加到母版幻灯片内。关于母版幻灯片的介绍,请参见第 8 章 8.4.2 节。

第 8 章　统一设置演示文稿的外观

一份好的演示文稿应该具有一致的外观和风格，这样能产生良好的放映效果。通过设置主题和母版，可以使演示文稿中的幻灯片具有一致的外观。

8.1　演示文稿主题的设置

通过系统自带的主题，可以快速设置演示文稿的外观。

8.1.1　应用内置主题

我们可以应用内置主题来统一设置演示文稿。其操作步骤如下：

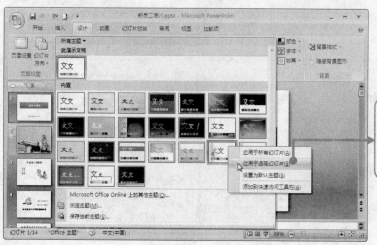

2 单击"设计"选项卡。

3 单击此按钮，将弹出一个下拉面板。

1 选择第 1 张幻灯片。

4 在一个主题上右击，再选择"应用于选定幻灯片"命令。

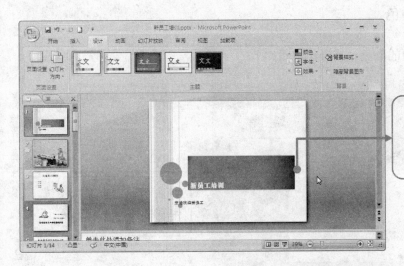

5

可以看到，所选的主题只应用到了第 1 张幻灯片上。

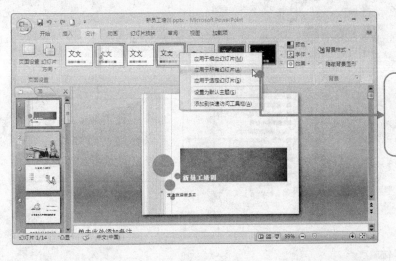

6

在一个主题上右击，再选择"应用于所有幻灯片"命令。

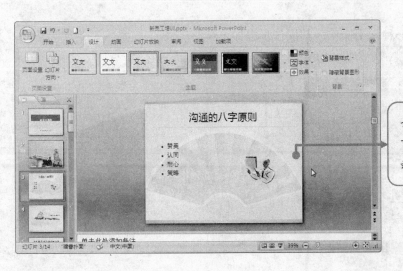

7

切换到另一张幻灯片，可以看到，已经应用了新的主题。

8.1.2 自定义主题的颜色

我们也可以自定义主题的颜色。其操作步骤如下：

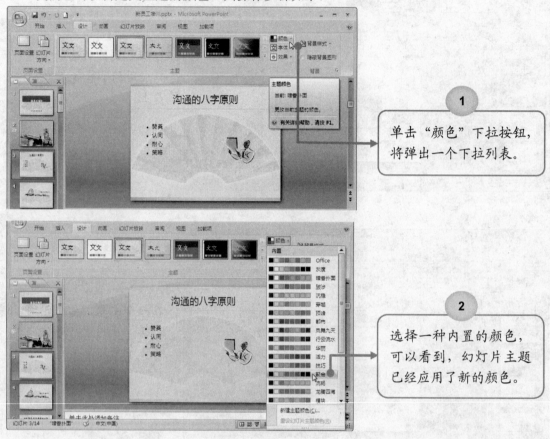

1 单击"颜色"下拉按钮，将弹出一个下拉列表。

2 选择一种内置的颜色，可以看到，幻灯片主题已经应用了新的颜色。

8.1.3 自定义主题的字体

自定义主题的字体是一种常用操作。其操作步骤如下：

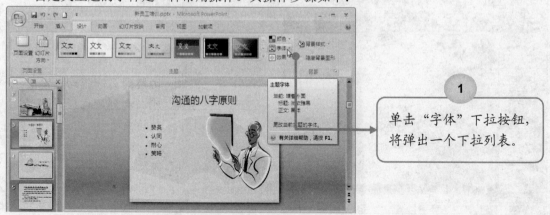

1 单击"字体"下拉按钮，将弹出一个下拉列表。

向下滚动列表,选择一种字体即可。

8.1.4　自定义主题的效果

除了自定义主题的颜色、字体外,我们还可以自定义主题的效果。其操作步骤如下:

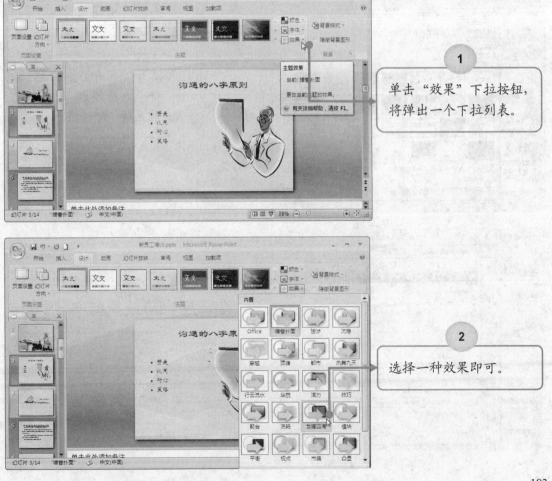

单击"效果"下拉按钮,将弹出一个下拉列表。

选择一种效果即可。

8.1.5 自定义主题的保存和删除

1. 保存自定义主题

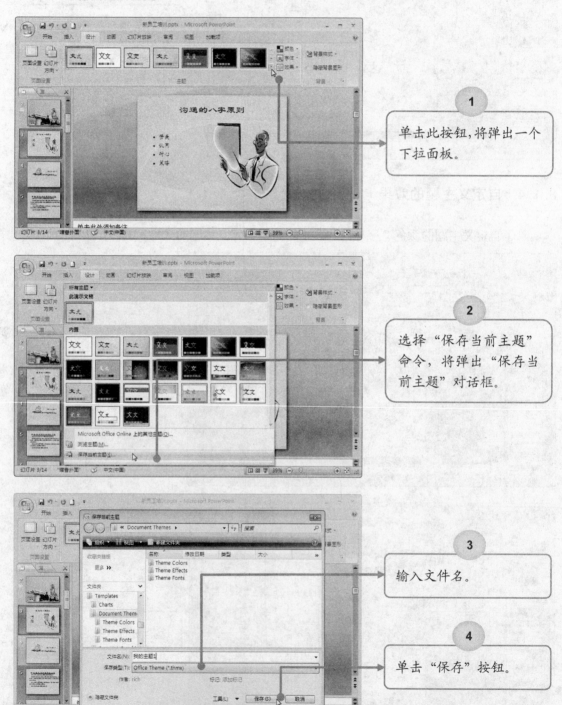

1 单击此按钮,将弹出一个下拉面板。

2 选择"保存当前主题"命令,将弹出"保存当前主题"对话框。

3 输入文件名。

4 单击"保存"按钮。

2. 删除自定义主题

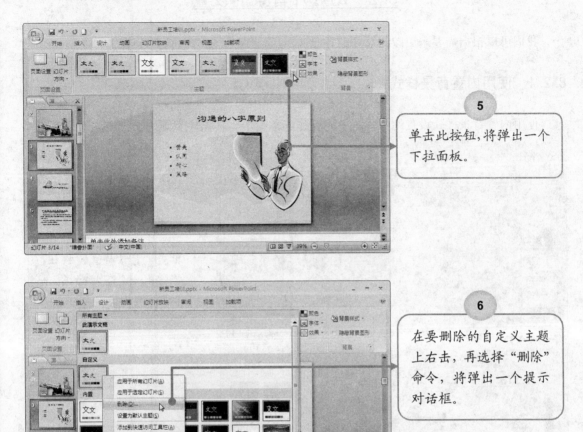

5

单击此按钮,将弹出一个下拉面板。

6

在要删除的自定义主题上右击,再选择"删除"命令,将弹出一个提示对话框。

7

单击"是"按钮,将删除所选的自定义主题。

8.2 幻灯片背景的设置

我们可以根据需要来更改幻灯片的背景。

8.2.1 使用内置背景样式

使用内置背景样式设置幻灯片背景的操作非常简单。其操作步骤如下：

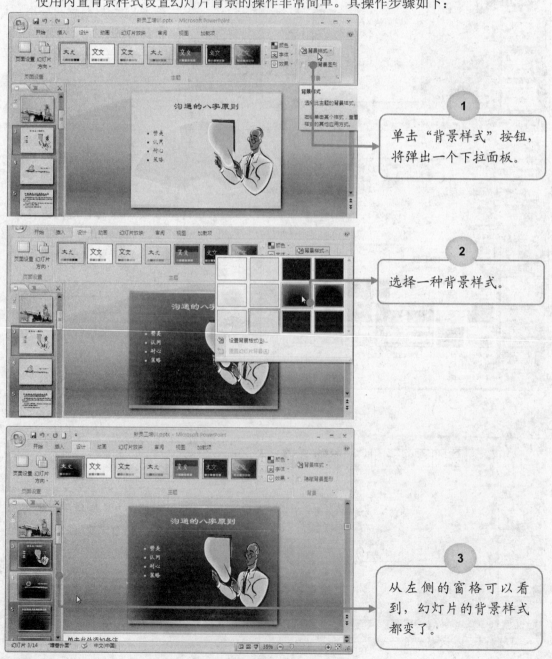

1 单击"背景样式"按钮，将弹出一个下拉面板。

2 选择一种背景样式。

3 从左侧的窗格可以看到，幻灯片的背景样式都变了。

8.2.2 自定义背景样式

我们也可以自定义背景样式。其操作步骤如下：

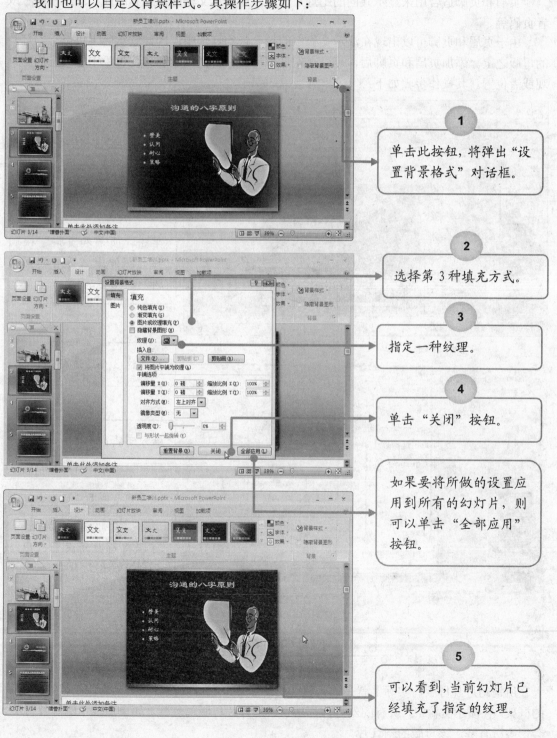

1 单击此按钮，将弹出"设置背景格式"对话框。

2 选择第3种填充方式。

3 指定一种纹理。

4 单击"关闭"按钮。

如果要将所做的设置应用到所有的幻灯片，则可以单击"全部应用"按钮。

5 可以看到，当前幻灯片已经填充了指定的纹理。

8.3　页眉和页脚的设置

　　页眉和页脚适合用来显示共同的幻灯片信息，如演示文稿的日期和时间、幻灯片编号或者页码等。

　　由于页眉和页脚可以出现在演示文稿中的每一张幻灯片中，因此它实际上也位于幻灯片的母版之上。添加页眉和页脚后，可以在幻灯片母版、讲义母版和备注母版中修改它们的外观或者位置。其操作步骤如下：

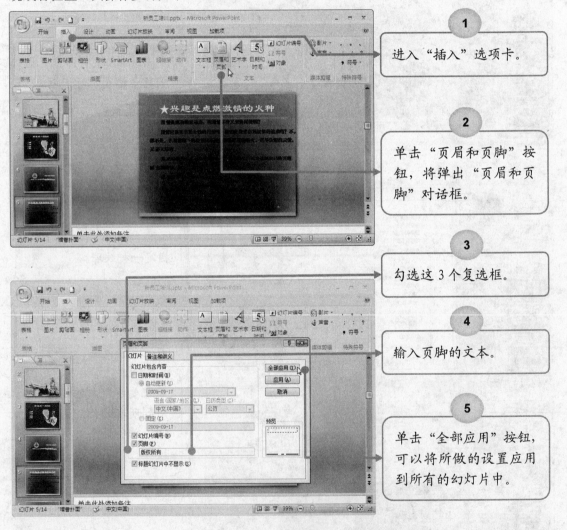

1　进入"插入"选项卡。

2　单击"页眉和页脚"按钮，将弹出"页眉和页脚"对话框。

3　勾选这3个复选框。

4　输入页脚的文本。

5　单击"全部应用"按钮，可以将所做的设置应用到所有的幻灯片中。

8.4　母版的使用和修改

　　所谓幻灯片母版，实际上就是一张特殊的幻灯片，它可以被看做是一个用于构建幻灯片的框架。在演示文稿中，所有的幻灯片都基于该幻灯片母版而创建。如果更改了幻灯片母版，会影响所有基于该母版的幻灯片。

8.4.1　母版的种类

母版分为幻灯片母版、讲义母版和备注母版。

（1）幻灯片母版

使用幻灯片母版，可以控制除标题幻灯片之外的大多数幻灯片，使它们具有相同的格式。在母版中，可以改变文本和段落的格式、添加或删除占位符以及增加文本和图形等。

（2）讲义母版

讲义母版用于控制讲义的打印格式。与幻灯片母版一样，在讲义母版中也可以改变文本的格式和增加图形等。

（3）备注母版

PowerPoint为每张幻灯片设置了一个备注页，供用户添加备注。备注母版用于控制报告人注释的显示内容和格式，使多数注释具有统一的外观。

8.4.2　设置幻灯片母版

设置幻灯片母版的操作步骤如下：

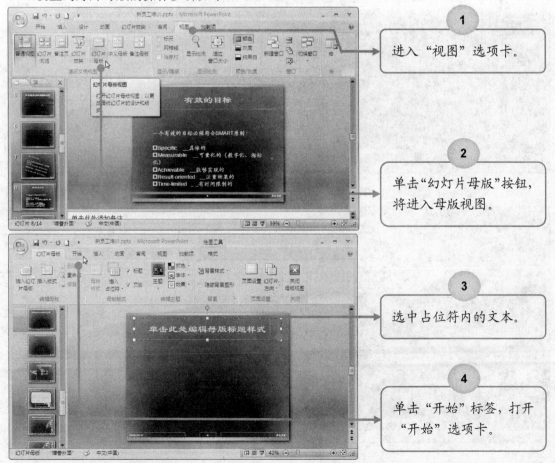

1 进入"视图"选项卡。

2 单击"幻灯片母版"按钮，将进入母版视图。

3 选中占位符内的文本。

4 单击"开始"标签，打开"开始"选项卡。

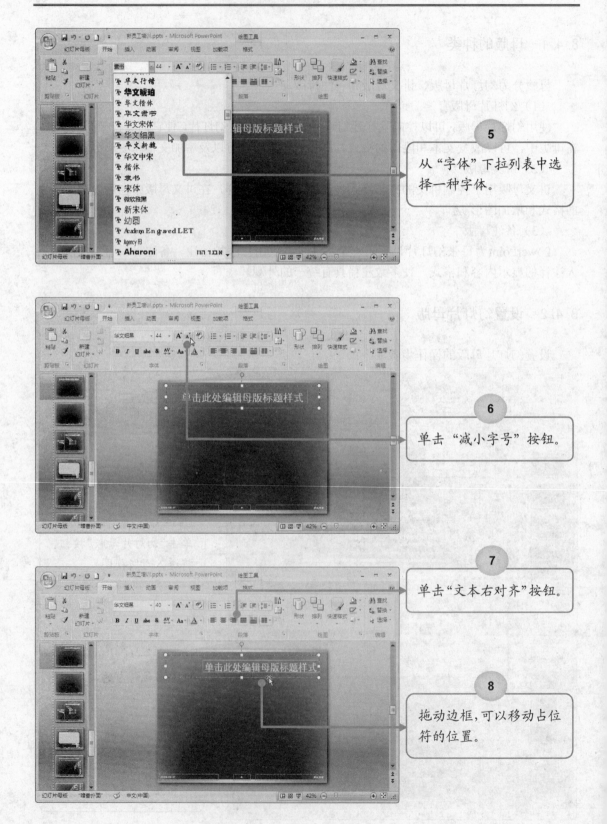

5 从"字体"下拉列表中选择一种字体。

6 单击"减小字号"按钮。

7 单击"文本右对齐"按钮。

8 拖动边框，可以移动占位符的位置。

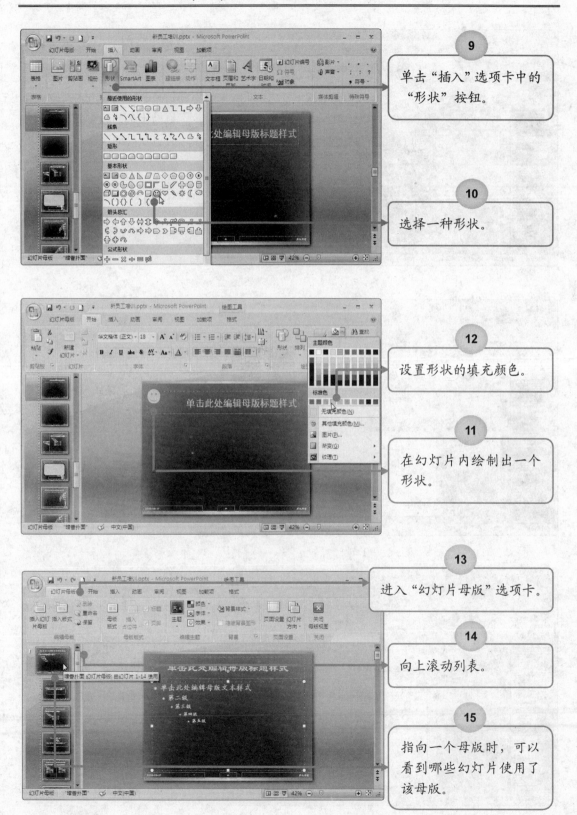

9 单击"插入"选项卡中的"形状"按钮。

10 选择一种形状。

12 设置形状的填充颜色。

11 在幻灯片内绘制出一个形状。

13 进入"幻灯片母版"选项卡。

14 向上滚动列表。

15 指向一个母版时，可以看到哪些幻灯片使用了该母版。

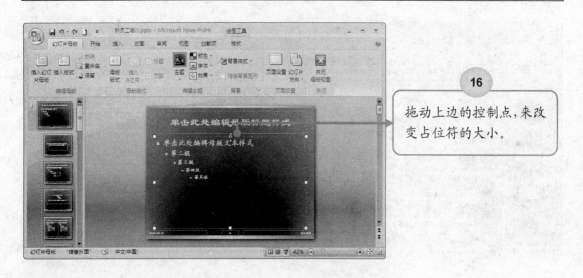

16

拖动上边的控制点,来改变占位符的大小。

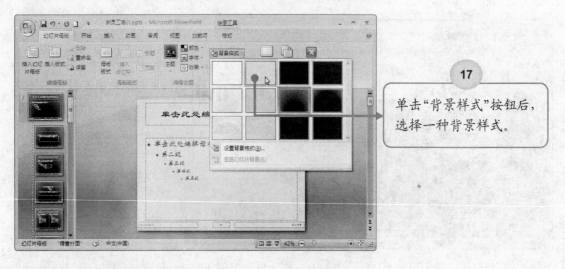

17

单击"背景样式"按钮后,选择一种背景样式。

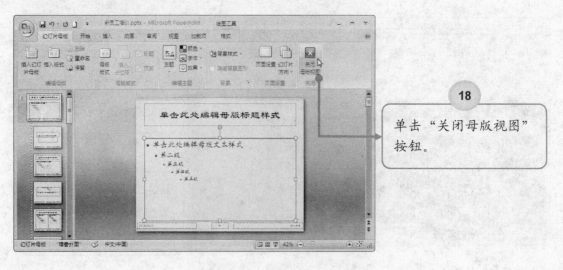

18

单击"关闭母版视图"按钮。

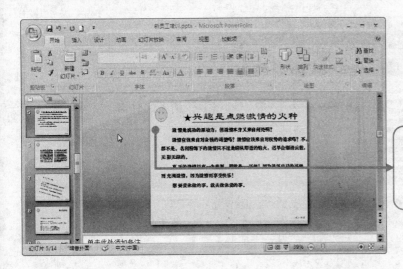

19 单击此形状就会发现，并不能选中它，因为它是添加在母版上的。

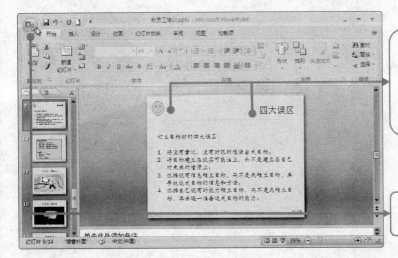

20 对母版做的设置或在母版上添加的图形，会在所有引用了该母版的幻灯片上生效。

21 单击 "Office" 按钮。

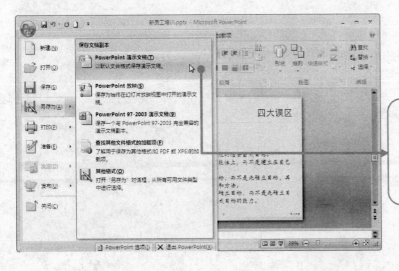

22 选择"另存为"子菜单中的 "PowerPoint 演示文稿"命令，将弹出"另存为"对话框。

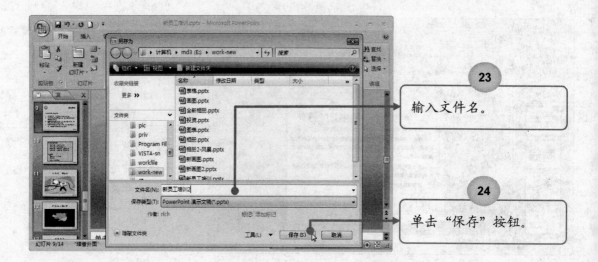

23 输入文件名。

24 单击"保存"按钮。

第9章　添加幻灯片动画

本章将为读者介绍设置幻灯片放映的各种技巧，如设置幻灯片及其中对象的动画效果、设置幻灯片的切换效果等。如果大家在幻灯片中应用了这些技巧，将会大大提高演示文稿的表现力。

9.1　使用动画方案

使用 PowerPoint 提供的预定义动画方案，能快速地为幻灯片中的一个或所有对象来设置动画效果。其操作步骤如下：

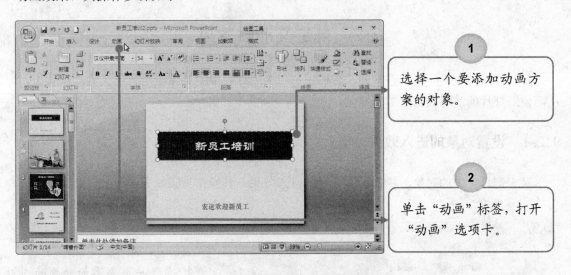

1 选择一个要添加动画方案的对象。

2 单击"动画"标签，打开"动画"选项卡。

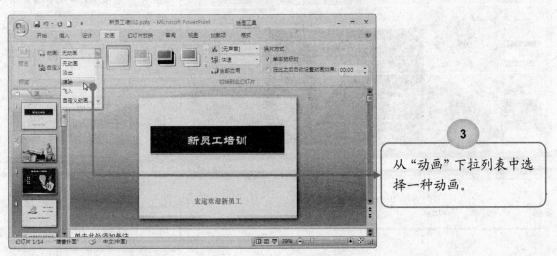

3 从"动画"下拉列表中选择一种动画。

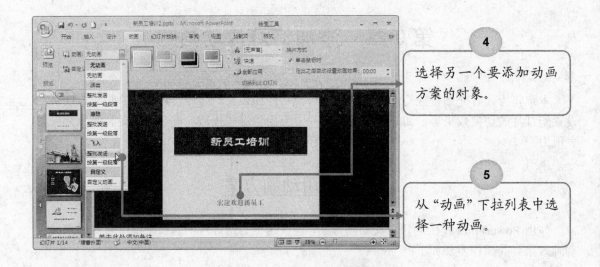

选择另一个要添加动画方案的对象。

从"动画"下拉列表中选择一种动画。

9.2　自定义动画效果

除了使用预定义的动画方案外，我们还可以为幻灯片中的对象应用自定义的动画效果，从而使幻灯片的演示效果更加个性化。

9.2.1　设置对象的进入效果

对于幻灯片中的对象，我们可以设置其进入效果。其操作步骤如下：

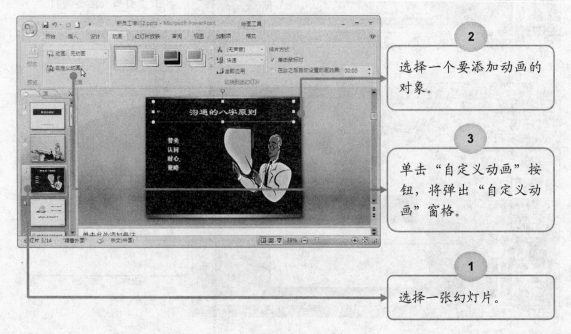

选择一个要添加动画的对象。

单击"自定义动画"按钮，将弹出"自定义动画"窗格。

选择一张幻灯片。

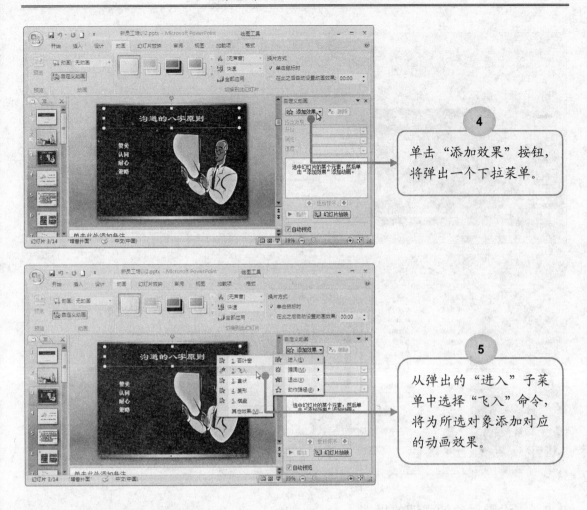

单击"添加效果"按钮，
将弹出一个下拉菜单。

从弹出的"进入"子菜
单中选择"飞入"命令，
将为所选对象添加对应
的动画效果。

9.2.2　设置对象的退出效果

除了设置对象的进入效果外，我们还可以设置其推出效果。其操作步骤如下：

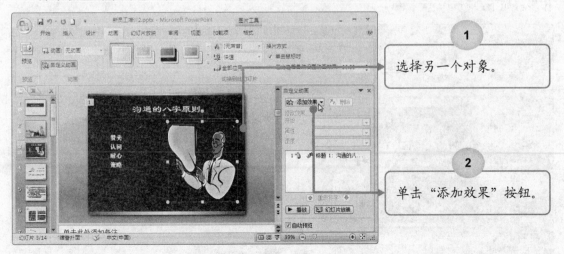

选择另一个对象。

单击"添加效果"按钮。

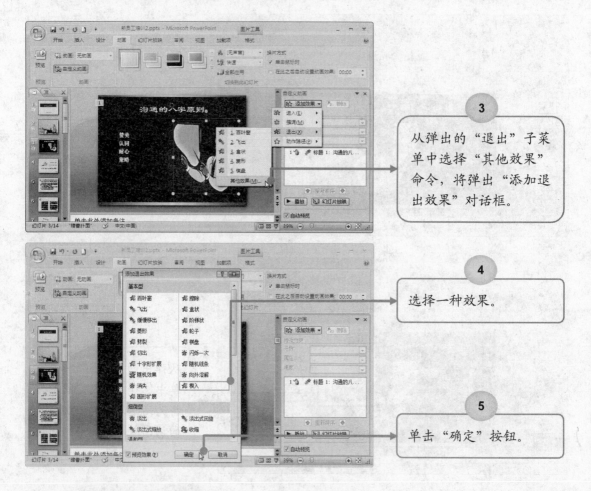

3 从弹出的"退出"子菜单中选择"其他效果"命令，将弹出"添加退出效果"对话框。

4 选择一种效果。

5 单击"确定"按钮。

9.2.3 设置对象的强调效果

有时，我们需要对幻灯片中的某个对象进行强调，这就需要设置对象的强调效果。其操作步骤如下：

1 选择另一个对象。

2 单击"添加效果"按钮。

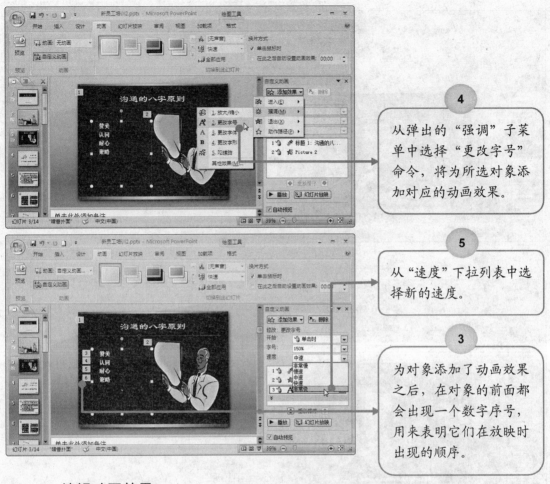

4 从弹出的"强调"子菜单中选择"更改字号"命令，将为所选对象添加对应的动画效果。

5 从"速度"下拉列表中选择新的速度。

3 为对象添加了动画效果之后，在对象的前面都会出现一个数字序号，用来表明它们在放映时出现的顺序。

9.2.4 编辑动画效果

设置了动画效果后，用户可以根据需要对其进行编辑修改。其操作步骤如下：

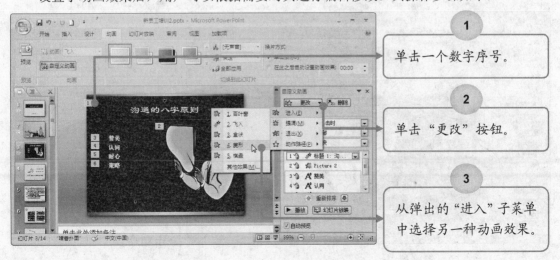

1 单击一个数字序号。

2 单击"更改"按钮。

3 从弹出的"进入"子菜单中选择另一种动画效果。

199

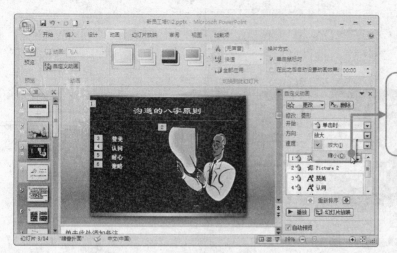

4 在"方向"下拉列表中，可以为对象选择新的运动方向。

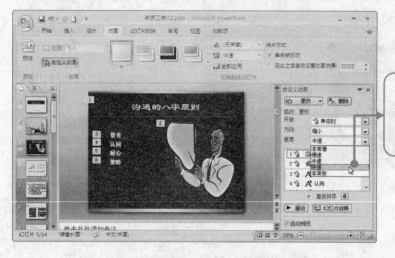

5 在"速度"下拉列表中，可以为对象选择新的运动速度。

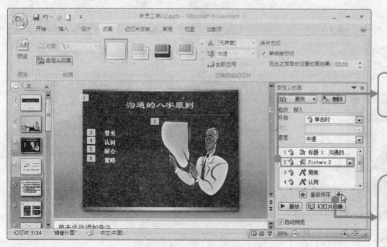

6 选择一项。

7 单击向下（或向上）的箭头，可以调整它的展示顺序。

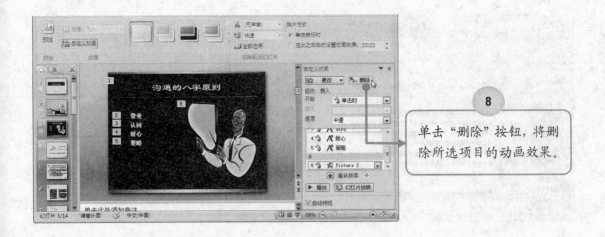

8 单击"删除"按钮, 将删除所选项目的动画效果。

9.3　特殊动画效果技巧

本节将介绍几种特殊动画效果的制作。

9.3.1　动画显示之后使文本变色

如果要使已经被添加了动画效果的文本在动画之后改变颜色, 其操作步骤如下:

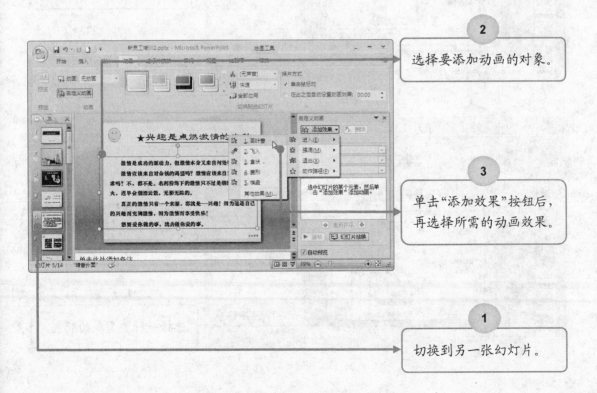

2 选择要添加动画的对象。

3 单击"添加效果"按钮后, 再选择所需的动画效果。

1 切换到另一张幻灯片。

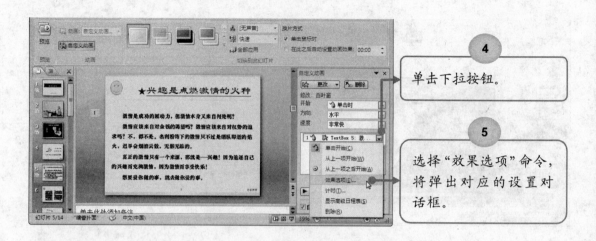

4 单击下拉按钮。

5 选择"效果选项"命令，将弹出对应的设置对话框。

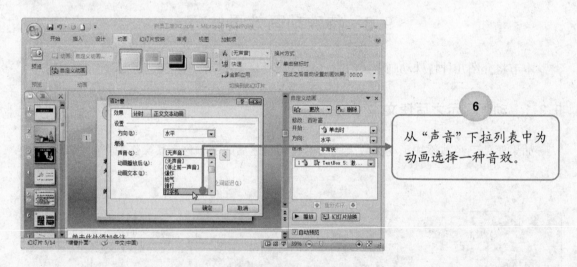

6 从"声音"下拉列表中为动画选择一种音效。

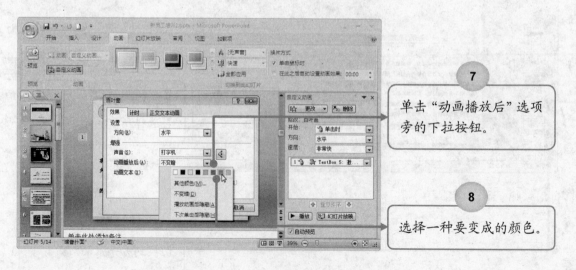

7 单击"动画播放后"选项旁的下拉按钮。

8 选择一种要变成的颜色。

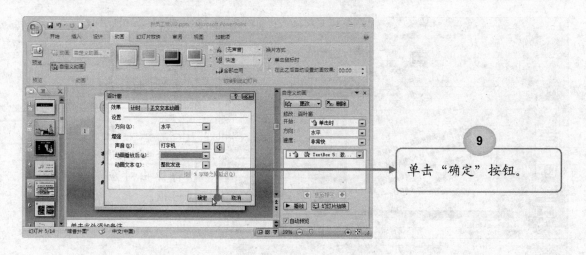

单击"确定"按钮。

9.3.2 按照字母或者逐字显示文本动画

如果要使文本按照字母或者逐字进行动画显示，其操作步骤如下：

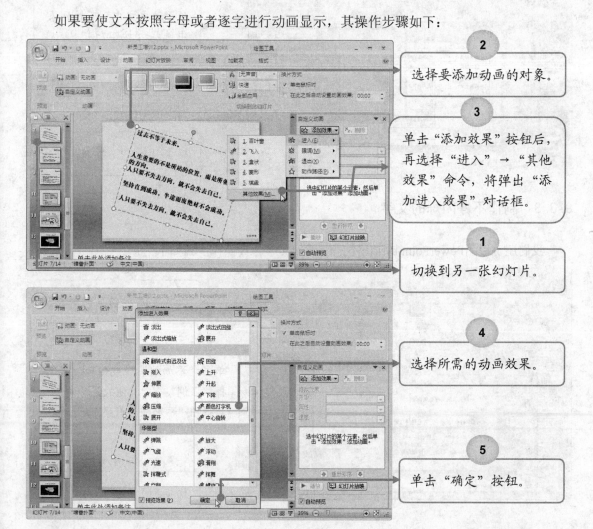

选择要添加动画的对象。

单击"添加效果"按钮后，再选择"进入"→"其他效果"命令，将弹出"添加进入效果"对话框。

切换到另一张幻灯片。

选择所需的动画效果。

单击"确定"按钮。

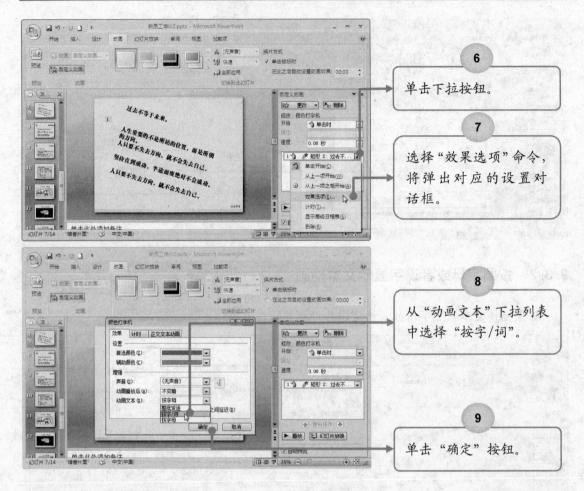

6 单击下拉按钮。

7 选择"效果选项"命令，将弹出对应的设置对话框。

8 从"动画文本"下拉列表中选择"按字/词"。

9 单击"确定"按钮。

9.3.3 制作不停闪烁的文字

我们还可以用PowerPoint制作出不停闪烁的文字。其操作步骤如下：

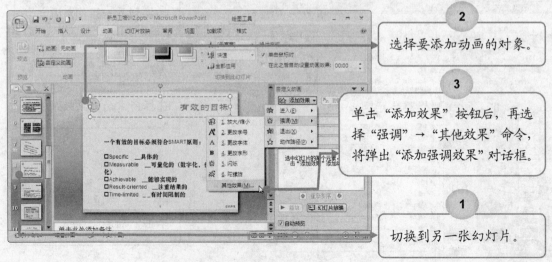

2 选择要添加动画的对象。

3 单击"添加效果"按钮后，再选择"强调"→"其他效果"命令，将弹出"添加强调效果"对话框。

1 切换到另一张幻灯片。

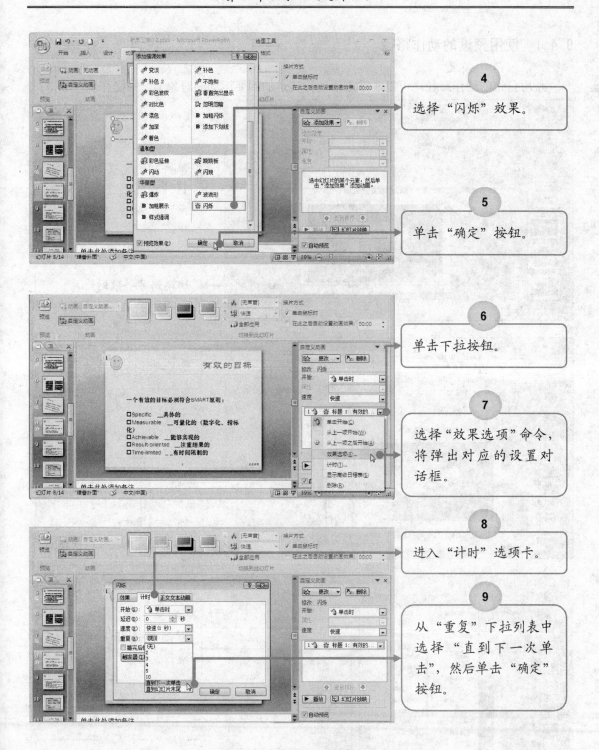

4 选择"闪烁"效果。

5 单击"确定"按钮。

6 单击下拉按钮。

7 选择"效果选项"命令，将弹出对应的设置对话框。

8 进入"计时"选项卡。

9 从"重复"下拉列表中选择"直到下一次单击"，然后单击"确定"按钮。

9.4 设置动作路径

如果希望幻灯片内的对象沿着特定的路线移动，则可以为它设置动作路径。

9.4.1　使用预设的动作路径

使用自带的动作路径，可以非常方便地将其添加到要运动的对象上。其操作步骤如下：

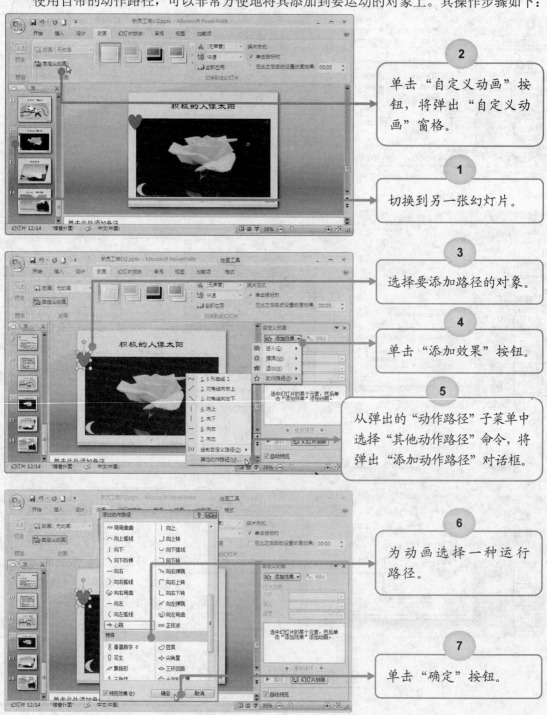

2 单击"自定义动画"按钮，将弹出"自定义动画"窗格。

1 切换到另一张幻灯片。

3 选择要添加路径的对象。

4 单击"添加效果"按钮。

5 从弹出的"动作路径"子菜单中选择"其他动作路径"命令，将弹出"添加动作路径"对话框。

6 为动画选择一种运行路径。

7 单击"确定"按钮。

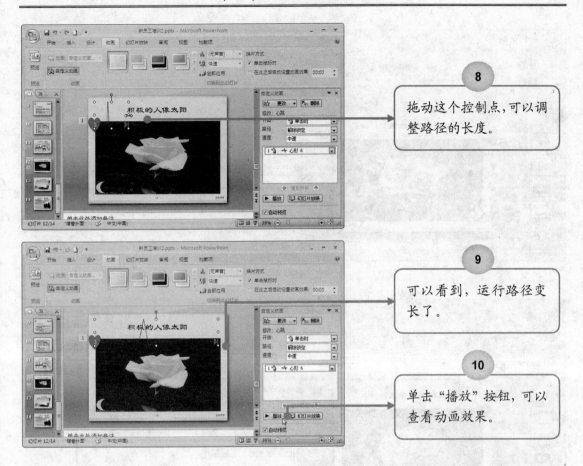

8 拖动这个控制点,可以调整路径的长度。

9 可以看到,运行路径变长了。

10 单击"播放"按钮,可以查看动画效果。

9.4.2　自定义动作路径

用户也可以自己为对象来绘制要运动的路径。其操作步骤如下:

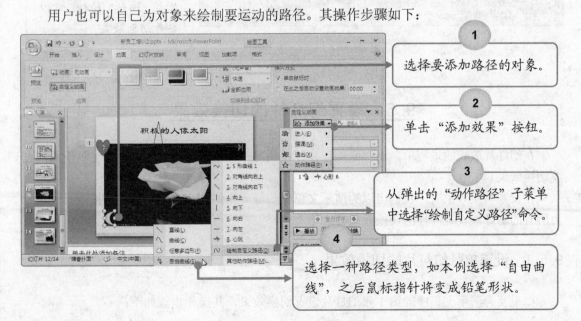

1 选择要添加路径的对象。

2 单击"添加效果"按钮。

3 从弹出的"动作路径"子菜单中选择"绘制自定义路径"命令。

4 选择一种路径类型,如本例选择"自由曲线",之后鼠标指针将变成铅笔形状。

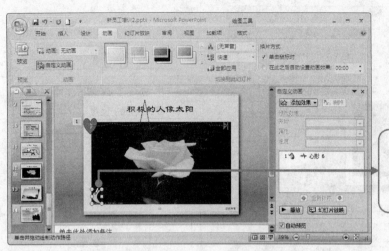

5 类似于用铅笔在幻灯片上绘画，绘制出对象要运行的路径。

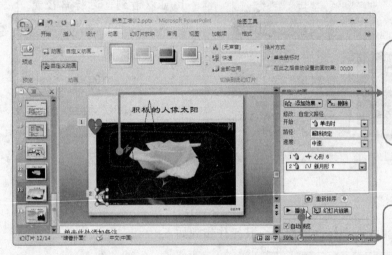

6 看，这就是对象要运行的路径。在路径的两端都有小三角形，它们表示路径的起点和终点。

7 单击"播放"按钮，可以查看动画效果。

9.5　设置幻灯片的切换效果

　　在幻灯片放映的过程中，由一张幻灯片转换到另一张幻灯片时，可以设置多种不同的过渡切换效果。

　　在设置切换效果时，我们可以为演示文稿中的每一张幻灯片设置不同的切换效果，或者为所有的幻灯片设置同样的切换效果。

9.5.1　设置单张幻灯片的切换效果

　　如果要为演示文稿中的第 1 张幻灯片设置切换效果，其操作步骤如下：

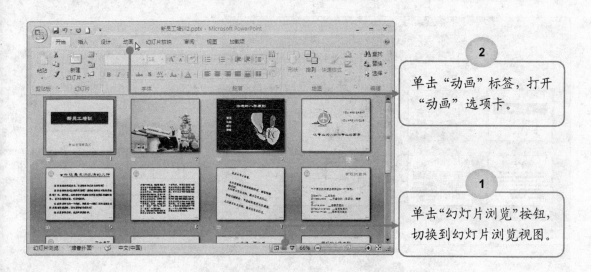

2 单击"动画"标签,打开"动画"选项卡。

1 单击"幻灯片浏览"按钮,切换到幻灯片浏览视图。

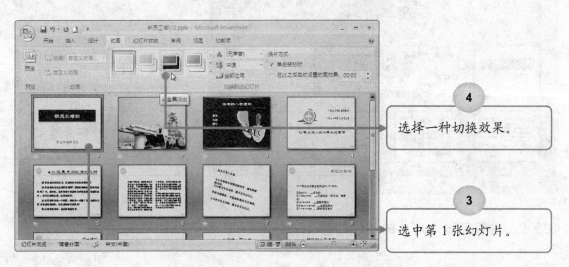

4 选择一种切换效果。

3 选中第 1 张幻灯片。

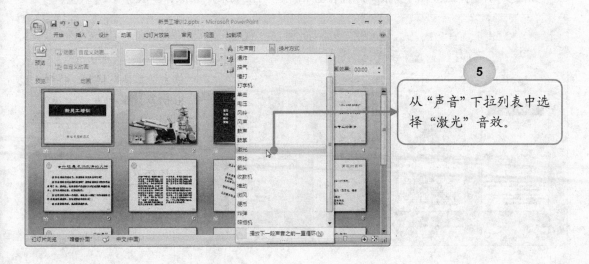

5 从"声音"下拉列表中选择"激光"音效。

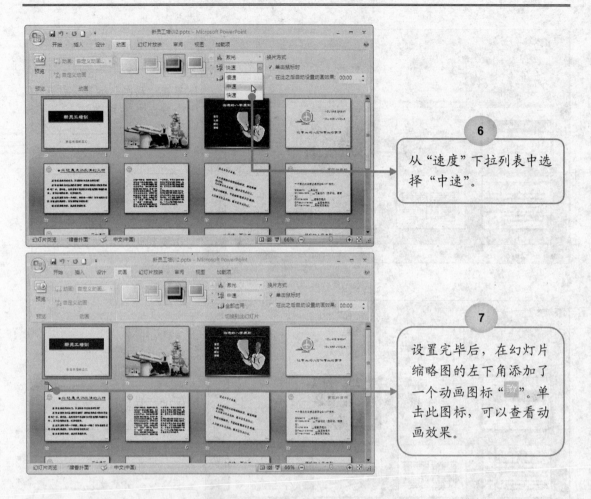

6 从"速度"下拉列表中选择"中速"。

7 设置完毕后，在幻灯片缩略图的左下角添加了一个动画图标"动"。单击此图标，可以查看动画效果。

9.5.2 设置多张幻灯片的切换效果

如果要为演示文稿中的多张幻灯片设置相同的切换效果，其操作步骤如下：

2 单击"其他"按钮，将弹出切换效果列表框。

1 先按住 Ctrl 键，再分别单击5、6、7、8号幻灯片将它们选中。

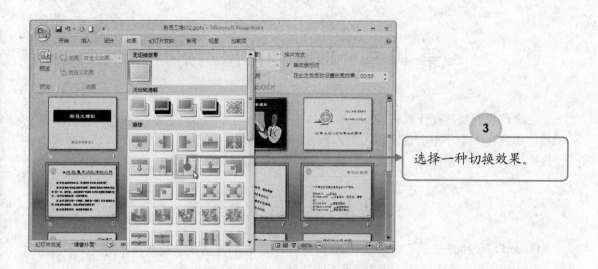

3 选择一种切换效果。

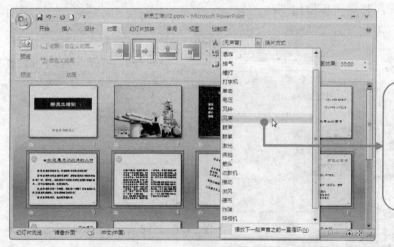

4 从"声音"下拉列表中选择"风声"音效,这样就为在步骤1中所选的幻灯片添加了指定的切换效果和音效。

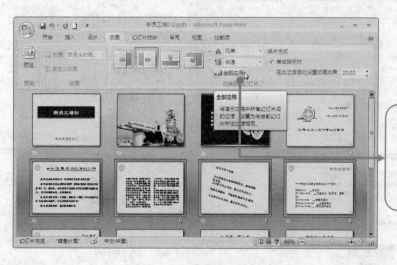

5 如果单击"全部应用"按钮,将会把所设置的切换效果和音效应用到所有的幻灯片中。

第 10 章　放映和输出幻灯片

通常，我们都是在计算机屏幕上直接演示 PowerPoint 幻灯片。如果拥有一台大屏幕显示器，那么在一个小型会议室里用显示器放映幻灯片就可以了；如果观众很多，可以用一台投影仪或液晶投影板在一个大的屏幕上放映幻灯片。

<u>10.1　设置放映方式</u>

PowerPoint 2007 提供了 3 种放映幻灯片的方法：演讲者放映、观众自行浏览、在展厅浏览，3 种放映方式各有特点，可以满足不同环境、不同对象的需要。

要设置幻灯片放映方式，其操作步骤如下：

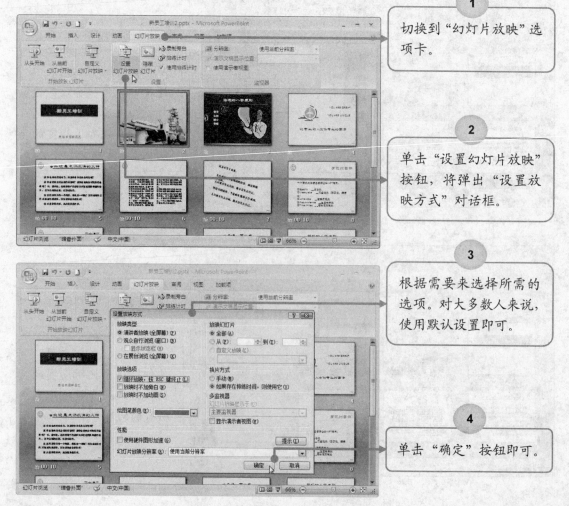

1 切换到"幻灯片放映"选项卡。

2 单击"设置幻灯片放映"按钮，将弹出"设置放映方式"对话框。

3 根据需要来选择所需的选项。对大多数人来说，使用默认设置即可。

4 单击"确定"按钮即可。

在"放映类型"区域，我们可以对放映方式进行如下设置：

➢ 演讲者放映（全屏幕）：该放映方式采用全屏显示，通常用于演讲者亲自播放演示文稿。此种方式下，演讲者可以控制演示节奏，具有放映的完全控制权。

➢ 观众自行浏览：该放映方式可以将演示文稿显示在小型窗口内，并提供相应的操作命令，用户可以在放映时移动、编辑、复制和打印幻灯片。

➢ 在展台浏览：该放映方式可以自动运行演示文稿，也可以在展览会场或会议中等需要运行无人管理的场合放映幻灯片时使用，并且在每次放映完毕后又重新开始。在这种放映方式中鼠标将变得几乎毫无用处，按 Esc 键可退出放映。

10.2　自定义放映

通过创建自定义放映方式，可以使一个演示文稿适合于多种观众。自定义放映是演示文稿中组合在一起能够单独放映的幻灯片。

10.2.1　创建自定义放映

要将部分幻灯片添加到自定义放映中，其操作步骤如下：

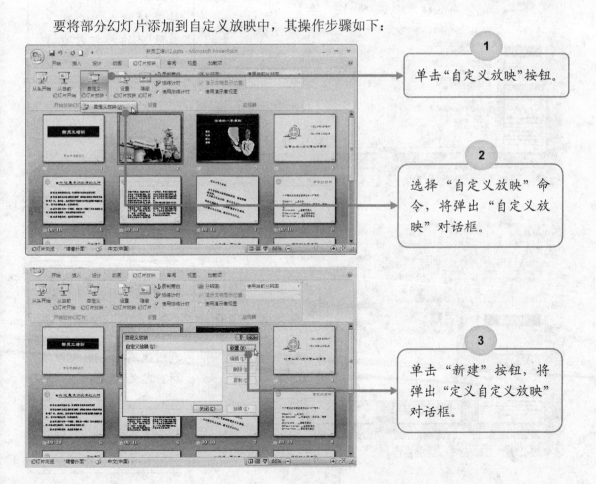

1　单击"自定义放映"按钮。

2　选择"自定义放映"命令，将弹出"自定义放映"对话框。

3　单击"新建"按钮，将弹出"定义自定义放映"对话框。

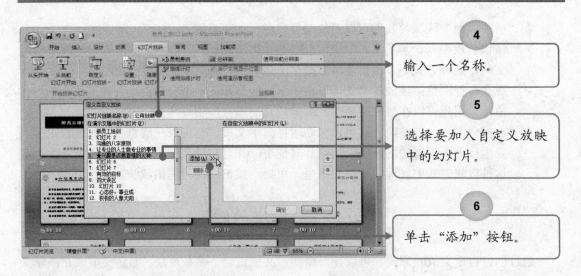

4 输入一个名称。

5 选择要加入自定义放映中的幻灯片。

6 单击"添加"按钮。

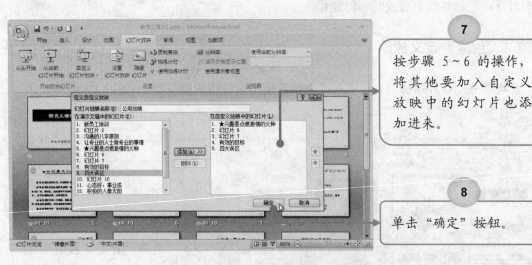

7 按步骤 5~6 的操作，将其他要加入自定义放映中的幻灯片也添加进来。

8 单击"确定"按钮。

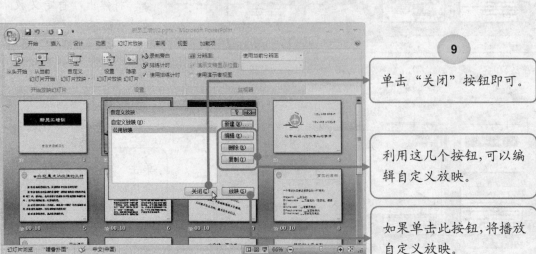

9 单击"关闭"按钮即可。

利用这几个按钮，可以编辑自定义放映。

如果单击此按钮，将播放自定义放映。

10.2.2　播放自定义放映

播放自定义放映的操作步骤如下：

1 单击"自定义幻灯片放映"按钮。

2 选择先前创建的自定义放映，将播放"自定义放映"中的幻灯片。

10.3　设置放映时间

我们可以通过两种方法来设置幻灯片在屏幕上显示时间的长短：一是人工为每张幻灯片设置时间，再运行幻灯片放映来查看设置的时间是否合适；二是使用排练计时功能，在排练时自动记录时间。

10.3.1　人工设置放映时间

我们可以通过人工设置放映时间，再在运行时查看。其操作步骤如下：

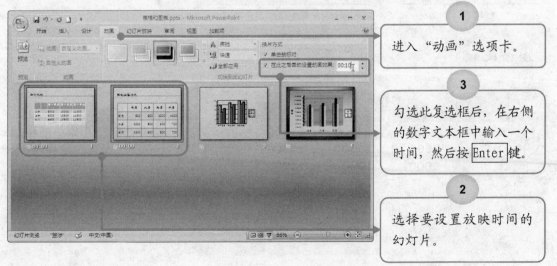

1 进入"动画"选项卡。

3 勾选此复选框后，在右侧的数字文本框中输入一个时间，然后按 Enter 键。

2 选择要设置放映时间的幻灯片。

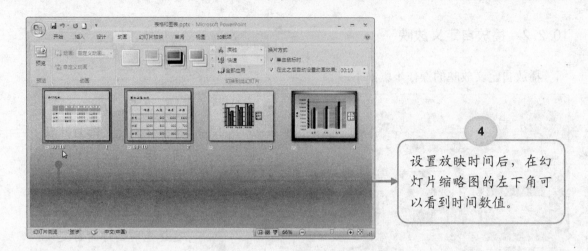

4 设置放映时间后，在幻灯片缩略图的左下角可以看到时间数值。

10.3.2 使用排练计时

要使用排练计时来设置幻灯片切换的时间间隔，其操作步骤如下：

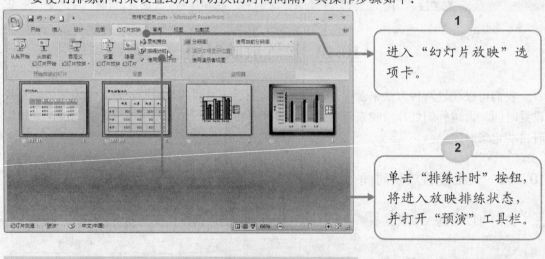

1 进入"幻灯片放映"选项卡。

2 单击"排练计时"按钮，将进入放映排练状态，并打开"预演"工具栏。

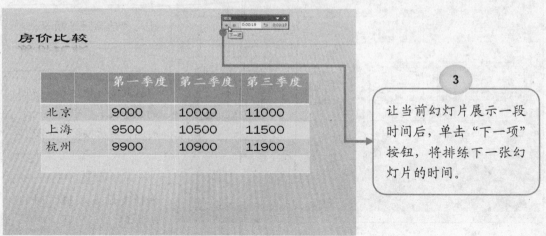

3 让当前幻灯片展示一段时间后，单击"下一项"按钮，将排练下一张幻灯片的时间。

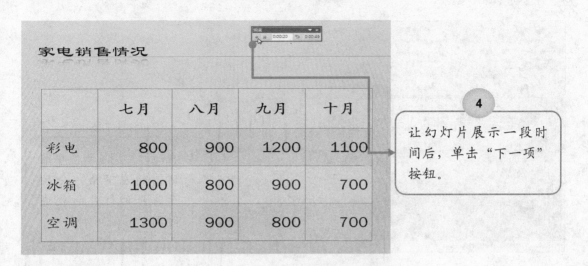

4

让幻灯片展示一段时间后，单击"下一项"按钮。

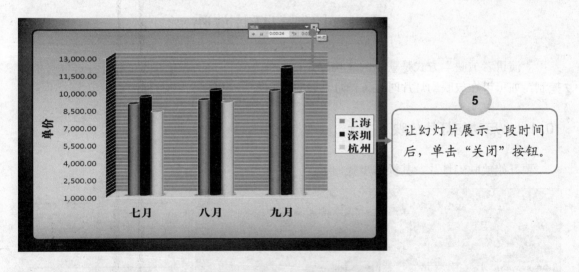

5

让幻灯片展示一段时间后，单击"关闭"按钮。

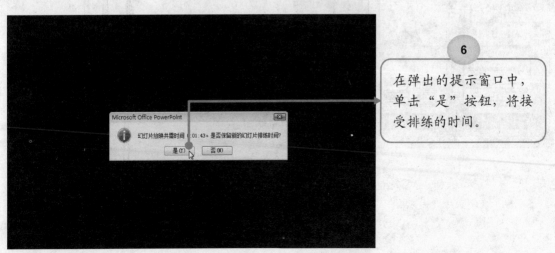

6

在弹出的提示窗口中，单击"是"按钮，将接受排练的时间。

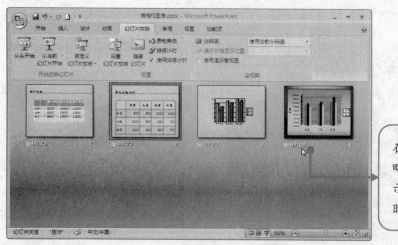

7

在幻灯片浏览视图中缩略图的左下角，会显示每张幻灯片的放映时间。

10.4　控制幻灯片放映

"演讲者放映"方式是默认的放映方式。在该方式下，演讲者可以对幻灯片进行自由地控制，如可以在放映幻灯片时定位幻灯片，也可以使用绘图笔来进行标注等。

10.4.1　启动幻灯片放映

要开始放映幻灯片，其操作步骤如下：

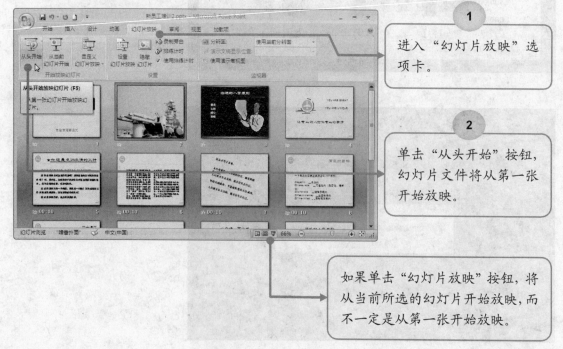

1

进入"幻灯片放映"选项卡。

2

单击"从头开始"按钮，幻灯片文件将从第一张开始放映。

如果单击"幻灯片放映"按钮，将从当前所选的幻灯片开始放映，而不一定是从第一张开始放映。

10.4.2　切换幻灯片

在放映幻灯片时，可以非常方便地进行切换。其操作步骤如下：

现在看到的是第一张幻灯片。

1

单击鼠标左键，或者按空格键，即可看到动画效果；动画效果播放完后，再单击鼠标左键，将切换到下一张幻灯片。在切换过程中，可以看到幻灯片切换效果（如果设置了相应的效果）。

2

在放映幻灯片时右击，会弹出一个快捷菜单，利用其中的"下一张"（或"上一张"）命令，可以在幻灯片之间前后翻页。

3

右击后，从弹出的快捷菜单选择"定位至幻灯片"命令，将打开一个子菜单。

4

再选择一项，即可在幻灯片之间快速跳转。

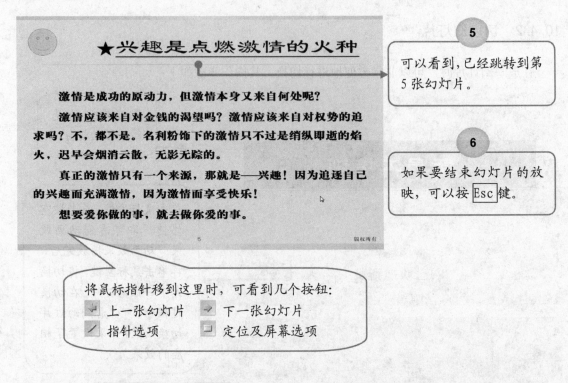

另外，按 PageDown 和 PageUp 键，也可以在幻灯片之间前后翻页。

10.4.3 放映时标注幻灯片

在放映幻灯片的过程中，为了引起观众的注意，可以用鼠标指针在幻灯片上画图或写字。

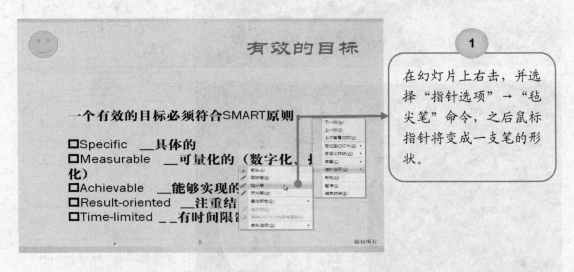

如果选择不同的绘图笔，则在屏幕上绘制出线条的粗细是不同的。使用绘图笔不仅可以绘制线，还可以书写文字或进行简单的绘图。

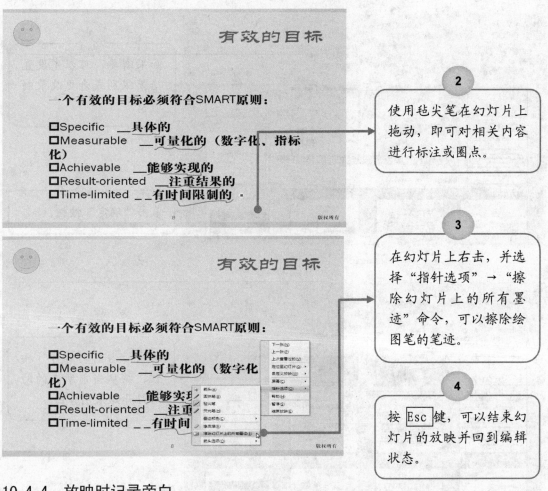

2

使用毡尖笔在幻灯片上拖动，即可对相关内容进行标注或圈点。

3

在幻灯片上右击，并选择"指针选项"→"擦除幻灯片上的所有墨迹"命令，可以擦除绘图笔的笔迹。

4

按 Esc 键，可以结束幻灯片的放映并回到编辑状态。

10.4.4　放映时记录旁白

在放映幻灯片时，如果希望用声音讲解幻灯片的主题，可以在幻灯片中加入旁白。

2

单击"录制旁白"按钮，将弹出"录制旁白"对话框。

1

选择一张幻灯片。

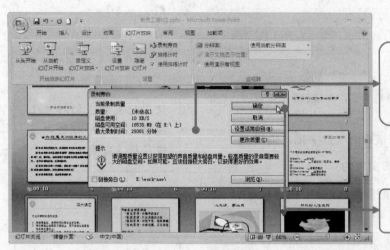

3
如果需要，可以先设置话筒级别或者更改录制质量。

4
单击"确定"按钮。

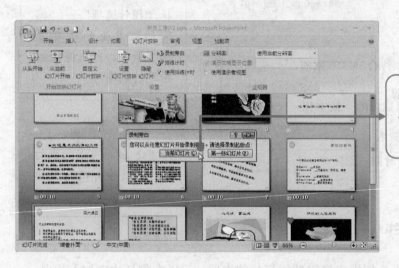

5
单击"当前幻灯片"按钮，将从当前所选的幻灯片开始录制旁白。

四大误区

订立目标时的四大误区：

1. 将没有量化、没有时限的想法当成目标。
2. 将目标建立在现实可能性上，而不是建立在自己对未来的憧憬上。
3. 依据现有信息确立目标，而不是先确立目标，再寻找达成目标的信息和方法。
4. 依据自己现有的能力确立目标，而不是先确立目标，再去逐一准备达成目标的能力。

6
此时即可对着麦克风进行录音。

7
为当前幻灯片录完旁白后，单击鼠标来切换到下一张幻灯片。

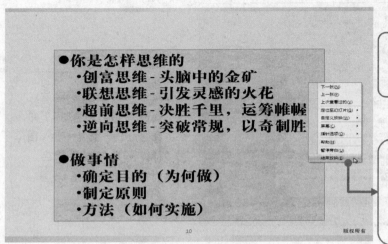

8

继续为另一张幻灯片录制旁白。

9

当想结束旁白的录制时，在幻灯片上右击并选择"结束放映"命令。

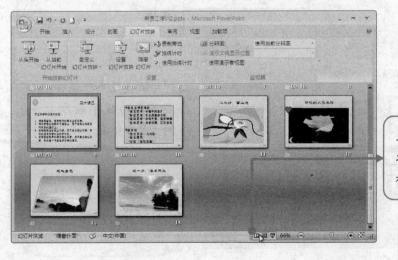

10

单击"保存"按钮。

11

单击"普通视图"按钮，将切换到幻灯片的普通视图。

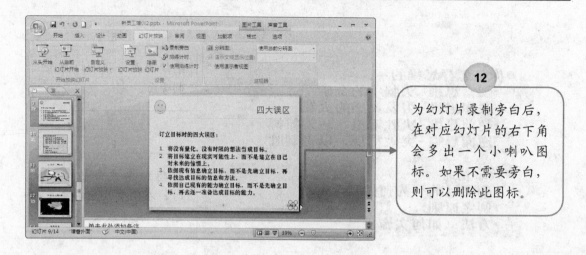

12 为幻灯片录制旁白后，在对应幻灯片的右下角会多出一个小喇叭图标。如果不需要旁白，则可以删除此图标。

10.4.5　隐藏幻灯片

如果不希望特定的幻灯片在放映时被显示出来，则可以将其隐藏。其操作步骤如下：

3 单击"隐藏幻灯片"按钮。

2 选择要隐藏的幻灯片。

1 切换到幻灯片的浏览视图。

4 幻灯片被设置为隐藏后，在其右下角的数字编号上会添加一个方框和一道斜线。

如果再次单击"隐藏幻灯片"按钮，则将取消幻灯片的隐藏。

10.4.6　放映被隐藏的幻灯片

按正常顺序放映时，被隐藏的幻灯片是不会被显示出来的。如果要放映被隐藏的幻灯片，其操作步骤如下：

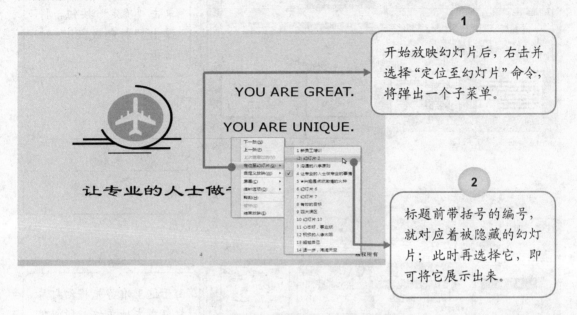

1 开始放映幻灯片后，右击并选择"定位至幻灯片"命令，将弹出一个子菜单。

2 标题前带括号的编号，就对应着被隐藏的幻灯片；此时再选择它，即可将它展示出来。

10.5　打包演示文稿

如果想将自己制作的幻灯片随身携带，或者准备在没有安装 PowerPoint 软件的计算机上播放自己制作的幻灯片，则可以将幻灯片进行"打包"。其操作步骤如下：

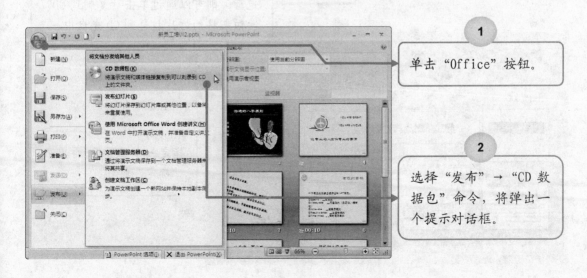

1 单击"Office"按钮。

2 选择"发布"→"CD 数据包"命令，将弹出一个提示对话框。

225

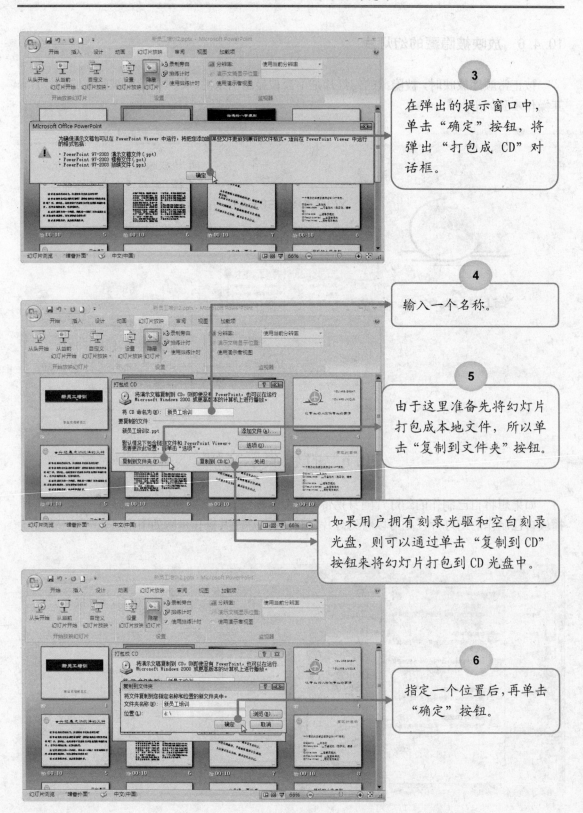

3

在弹出的提示窗口中，单击"确定"按钮，将弹出"打包成 CD"对话框。

4

输入一个名称。

5

由于这里准备先将幻灯片打包成本地文件，所以单击"复制到文件夹"按钮。

如果用户拥有刻录光驱和空白刻录光盘，则可以通过单击"复制到 CD"按钮来将幻灯片打包到 CD 光盘中。

6

指定一个位置后，再单击"确定"按钮。

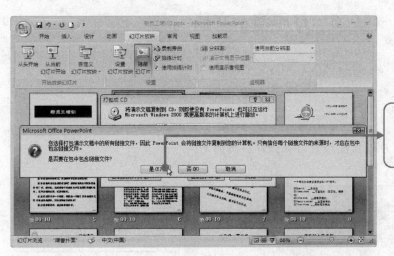

7
单击"是"按钮，将开始执行打包操作。

8
打包结束后，单击"关闭"按钮。

9
打包成功后，切换到刚才指定的文件夹，可看到打包后的所有文件。

10
将这个文件夹复制到 U 盘或其他计算机硬盘中，只要再双击这个 play.bat 文件，就可以自动播放幻灯片。

10.6　打印演示文稿

如果我们不方便在计算机上进行演示，则可以将演示文稿打印出来，形成打印文档。

10.6.1　页面设置

我们可以随时改变幻灯片的页面设置，其操作步骤如下：

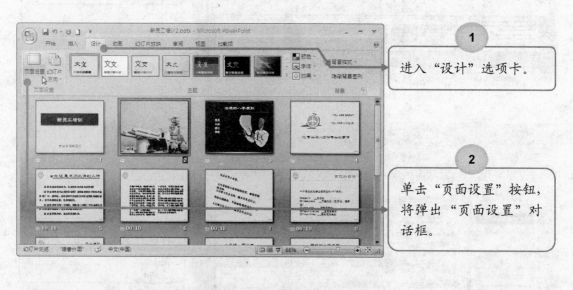

1 进入"设计"选项卡。

2 单击"页面设置"按钮，将弹出"页面设置"对话框。

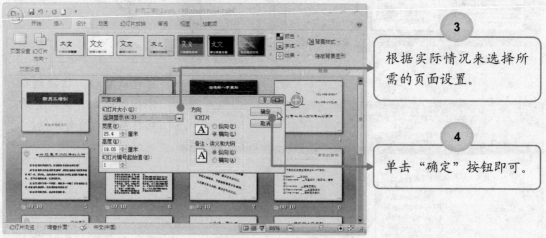

3 根据实际情况来选择所需的页面设置。

4 单击"确定"按钮即可。

10.6.2　打印预览

如同在 Word 和 Excel 中一样，现在可以在打印之前预览演示文稿。

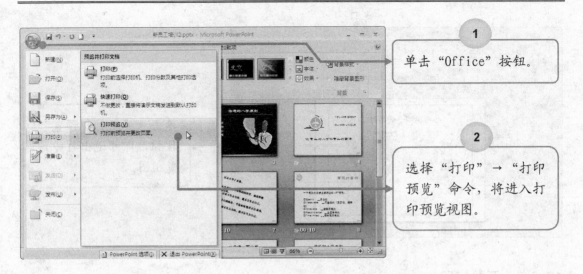

1 单击 "Office" 按钮。

2 选择 "打印" → "打印预览" 命令，将进入打印预览视图。

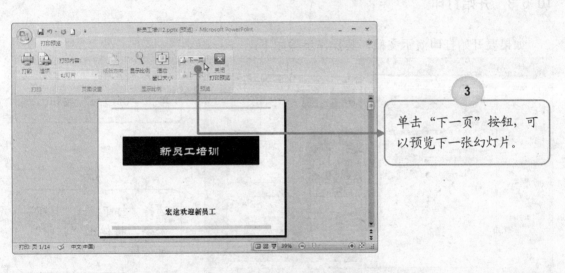

3 单击 "下一页" 按钮，可以预览下一张幻灯片。

4 单击 "选项" 按钮。

5 选择 "幻灯片加框" 命令，将为幻灯片添加边框。

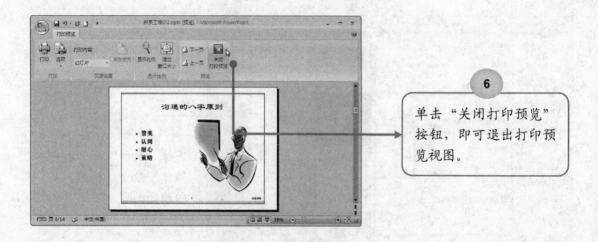

单击"关闭打印预览"
按钮，即可退出打印预
览视图。

10.6.3 开始打印

如果要开始打印演示文稿，其操作步骤如下：

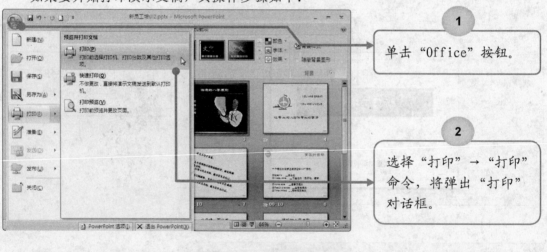

单击"Office"按钮。

选择"打印"→"打印"
命令，将弹出"打印"
对话框。

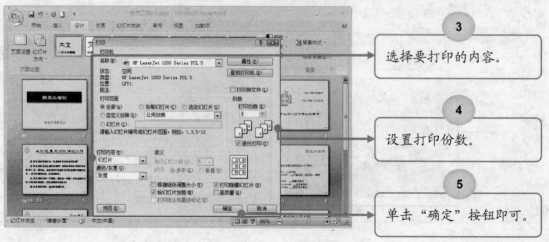

选择要打印的内容。

设置打印份数。

单击"确定"按钮即可。